"十一五"浙江省重点教材建设项目

高职高专土建类系列教材

建筑装饰工程技术专业

室 内 设 计

第 2 版

主　编　王明道

副主编　袁　华　刘建伟

参　编（以姓氏笔画为序）

刘　勇　张海燕　张　菲

主　审　王兆明

机械工业出版社

本书是按照高职高专建筑装饰工程技术专业和相关专业的教学基本要求编写的。全书共十章，主要内容包括：室内设计概论、室内空间设计、室内空间的界面设计、室内设计与人体工程学、室内空间的采光与照明、居住空间设计、办公空间设计、餐饮空间设计、商务旅馆空间设计、专卖店空间设计。

本书可作为高职高专、成人教育、远程高等教育建筑装饰工程技术专业的教学用书，也可作为高等教育建筑学专业、环境艺术专业的教学参考书和建筑装饰行业设计人员的继续教育、岗位培训的教材和使用参考书。

图书在版编目（CIP）数据

室内设计/王明道主编. —2 版. —北京：机械工业出版社，2015.4
（2022.8 重印）
高职高专土建类系列教材. 建筑装饰工程技术专业
ISBN 978-7-111-49440-9

Ⅰ. ①室…　Ⅱ. ①王…　Ⅲ. ①室内装饰设计 – 高等职业教育 – 教材
Ⅳ. ①TU238

中国版本图书馆 CIP 数据核字（2015）第 037358 号

机械工业出版社（北京市百万庄大街 22 号　邮政编码 100037）
策划编辑：张荣荣　责任编辑：张荣荣
责任校对：张　力　封面设计：张　静
责任印制：单爱军
北京新华印刷有限公司印刷
2022 年 8 月第 2 版第 5 次印刷
184mm×260mm·15.75 印张·384 千字
标准书号：ISBN 978-7-111-49440-9
定价：78.00 元

电话服务　　　　　　　　网络服务
客服电话：010-88361066　　机 工 官 网：www.cmpbook.com
　　　　　010-88379833　　机 工 官 博：weibo.com/cmp1952
　　　　　010-68326294　　金 书 网：www.golden-book.com
封底无防伪标均为盗版　机工教育服务网：www.cmpedu.com

第 2 版前言

随着建筑室内设计与室内装饰行业的快速发展，高等职业技术教育中建筑装饰工程技术专业经过近十年的发展也得到了市场的认可，面对市场环境和观念的不断更新，建筑装饰工程技术专业如何更好地为市场输入合格、高效的实用型人才，也成了我们的首要任务。本书遵循高等职业教育专业培养的基本原则编写，理论部分以够用和满足岗位和职业能力的需要为原则，重点以提高学习者的职业实践能力和职业素质为宗旨，本着以学生为本位的出发点，为建立多样性与选择性相统一的教学机制而服务；实践部分引入"项目课程"教学理念，通过相关教学内容和教学手段的有机结合，强化职业技术实践活动，突出职业教育的特色，全面提高学生的职业道德、职业能力和综合素质。

本书系统阐述了室内设计的发展历史、基本原理、室内设计风格流派、室内设计照明等内容，并利用项目课程的运作方式，融合一定的实践项目，项目选取注重通用性、系统性，力求使学生通过本书的学习能够基本掌握本专业的特点，并能够学以致用。本书可以作为室内设计、建筑装饰、环境艺术设计和美术设计专业学生的教材，也可以作为从事室内设计行业的有关人员的参考资料。

本书由王明道担任主编，由王兆明任主审，袁华、刘建伟担任副主编，其中第 1 章、第 3 章、第 5 章由王明道编写；第 2 章由袁华编写；第 4 章、第 7 章由刘建伟编写；第 6 章、第 10 章由张菲编写；第 8 章由刘勇编写；第 9 章由张海燕编写，全书由主编王明道统稿。

由于编写时间仓促，编者水平有限，疏漏和不足之处在所难免，恳请广大读者特别是室内设计专家、同行予以批评指正。

编　者

目　　录

第 2 版前言

第 1 章　室内设计概论………………… 1

1.1　室内设计的含义及内容 …………… 1

1.2　室内设计的风格和流派 …………… 3

1.3　室内设计的基本美学特征 ………… 13

1.4　室内设计的程序与步骤 ………… 14

思考题与习题 ………………………… 15

第 2 章　室内空间设计 ………………… 16

2.1　室内空间的组织 ………………… 16

2.2　室内空间设计手法 ……………… 29

思考题与习题 ………………………… 37

第 3 章　室内空间的界面设计 ………… 38

3.1　界面的定义与功能 ……………… 38

3.2　界面的设计要求 ………………… 39

3.3　三大构成在界面上的应用 ……… 40

3.4　不同类型界面的设计 …………… 51

思考题与习题 ………………………… 58

第 4 章　室内设计与人体工程学 ……… 59

4.1　人体工程学的含义与发展 ……… 59

4.2　人体基本尺度及应用 …………… 60

4.3　环境心理尺度 …………………… 69

思考题与习题 ………………………… 79

第 5 章　室内空间的采光与照明 ……… 80

5.1　照明的基础知识 ………………… 80

5.2　室内自然光的利用 ……………… 86

5.3　人工光照明设计 ………………… 87

思考题与习题 ………………………… 101

第 6 章　居住空间设计 ………………… 102

6.1　居住空间设计的观念 …………… 102

6.2　居住空间的组成及其设计

要求 ……………………………… 103

6.3　居住空间设计举例 ……………… 114

6.4　居住空间设计实训 ……………… 117

思考题与习题 ………………………… 122

优秀学生作品赏析——住宅空间

方案设计 ………………………… 123

第 7 章　办公空间设计 ………………… 130

7.1　办公空间设计的基本概念 ……… 130

7.2　办公空间设计的基本划分 ……… 131

7.3　办公空间的设计要求 …………… 135

7.4　办公室的采光与照明 …………… 142

7.5　办公家具 ………………………… 144

7.6　办公空间设计实训 ……………… 146

思考题与习题 ………………………… 151

优秀学生作品赏析——办公空间

方案设计 ………………………… 152

第 8 章　餐饮空间设计 ………………… 158

8.1　餐饮空间的功能及其类别 ……… 158

8.2　餐饮空间设计的基本划分及

设计要求 ………………………… 159

8.3　餐饮空间的设计规划 …………… 163

8.4　餐饮空间的设计要点 …………… 166

8.5　餐饮空间的界面划分 …………… 168

8.6　餐饮空间的色彩和灯光设计 … 171

8.7　餐饮空间的陈设设计 …………… 173

8.8　餐饮空间设计实训 ……………… 174

思考题与习题 ………………………… 179

优秀学生作品赏析——餐饮空间

方案设计 ………………………… 180

第 9 章　商务旅馆空间设计 ………… 188

9.1　商务旅馆空间的发展 …………… 188

9.2　商务旅馆空间设计的基本

　　　划分 ┈┈┈┈┈┈┈┈┈┈ 190
9.3　商务旅馆空间的设计要求 ┈┈ 190
9.4　商务旅馆空间设计实训 ┈┈┈ 202
思考题与习题 ┈┈┈┈┈┈┈┈┈ 204
优秀学生作品赏析——商务旅馆
　　方案设计 ┈┈┈┈┈┈┈┈┈ 205
第10章　专卖店空间设计 ┈┈┈┈┈ 212
10.1　专卖店空间设计的基本概念 ┈ 212
10.2　专卖店空间设计的原则

　　和要求 ┈┈┈┈┈┈┈┈┈┈ 215
10.3　专卖店空间功能组织 ┈┈┈┈ 217
10.4　专卖店空间设计与照明 ┈┈┈ 219
10.5　专卖店空间设计举例 ┈┈┈┈ 220
10.6　专卖店空间设计实训 ┈┈┈┈ 228
思考题与习题 ┈┈┈┈┈┈┈┈┈┈ 232
优秀学生作品赏析——时装专卖店
　　方案设计 ┈┈┈┈┈┈┈┈┈ 233
参考文献 ┈┈┈┈┈┈┈┈┈┈┈┈ 242

第1章 室内设计概论

学习目标：

通过本章的学习，了解室内设计的发展历程，什么是室内设计，设计什么，如何设计，设计的风格等，为以后的生产性实训课题设计打下基础。

学习重点：

1. 室内设计的风格流派。
2. 室内设计的基本美学特征。

学习建议：

1. 首先要了解室内设计的含义与基本内容。
2. 积极了解设计风格流派，对风格流派的熟练掌握有助于今后设计的开展。

1.1 室内设计的含义及内容

室内设计能满足人们的生活需求，改变人们的生活方式与行为方式，提升人们的生活品质，它集空间、色彩、材料、工艺、地域文化、环境艺术等于一体。

与建筑设计相比，室内设计是一个相对年轻的学科，其自身的发展历史并不长，室内设计是建筑设计的继续、深化和发展。

1.1.1 室内设计的含义

室内设计是指人们根据建筑物的使用性质、所处环境和相应标准，将自身的环境意识与审美意识相互结合，创造功能合理、舒适优美、满足人们物质和精神生活需要的室内空间的活动。具体地说，就是指根据建筑室内的使用性质和所处的环境，运用物质材料、工艺技术及艺术的手段，创造出功能合理、舒适美观、符合人的生理、心理需求的内部空间；赋予使用者愉悦的，便于生活、工作、学习的，理想的居住与工作环境。

从广义上说，室内设计就是改善人类建筑室内生存环境的创造性活动。这一创造性活动要反映历史文脉、建筑风格、环境气氛等精神因素，也反映了经济发展和科学技术发展水平。

人们常把室内装潢、室内装饰、室内装修、室内设计混为一谈，但实际上它们是有区别的：

室内装潢偏重"装潢"二字，注重外表的包装，室内地面、墙面、顶棚等各界面的色彩处理，装饰材料的选用、配置效果等，都是为了营造一定的视觉效果。

室内装饰偏重于装饰品的装点，风格、品位的塑造，如小品、陈设、灯具、家具等。

2

室内装修着重于工程技术、施工工艺和构造做法等方面，就是指土建完成后，对室内各个界面、门窗、隔断等的装修。

室内设计是综合的室内环境设计，它既包括视觉方面的设计，也包括工程技术方面的声、光、热等物理环境的设计，还包括氛围、意境等心理环境和个性特色等地域文化环境等方面的营造。

室内设计将实用性、功能性、审美性与符合人们内心情感的特征等有机结合起来，从心理、生理角度激发人们对美的向往、对自然的关爱、对生活质量的追求，在达到使用功能的同时，使人在精神享受、心境舒畅中得到健康的心理平衡，这就是进行室内设计的目的。

1.1.2 室内设计的内容

室内设计包含的内容如图 1-1、图 1-2 所示。

室内设计作为一门专业性强、发展迅速的新兴学科，已成为目前设计学科中的一大热门。随着人民生活水平的逐步提高，城镇建设的快速发展，人们对自身生活空间、工作环境的改善日益重视；对公共购物环境、宾馆、酒店及娱乐空间等的设计也日益关注。人们希望通过设计改善生存环境，改善人与自然、人与社会之间的关系，创造出人类理想的生活环境与社会环境。

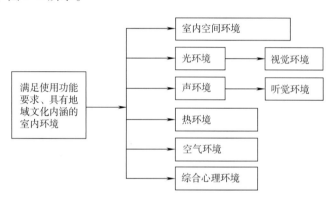

图 1-1 室内设计包含的内容

室内设计就是为满足人们生活、工作的物质要求与精神要求而进行的设计，力求创造安全、健康、文明的人造环境。室内环境往往依托于一个具体的内部空间，这个空间不仅仅是人们生活、工作、娱乐的庇护所，更是人的心理及精神等需求的庇护所。

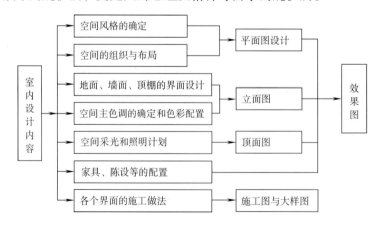

图 1-2 室内设计包含的主要方面

作为室内设计人员，除了强调视觉效果外，对采光、隔声、保温等因素也要考虑在内，同时考虑造价、施工、防火、暖通等工艺因素。虽然室内设计人员不能全面地掌握各种涉及的学科内容，但也应该尽可能熟悉，以利于设计时能够能动地考虑各种因素，配合有关专业人员进行工作，有效地提高室内设计的质量。

1.2 室内设计的风格和流派

风格即风度品格，体现创作中的艺术特色和个性；流派指学术、文艺方面的派别。

室内设计的风格和流派，属于室内环境中的艺术造型和精神功能范畴。室内设计的风格和流派往往与建筑以及家具的风格和流派紧密结合；有时也与相应时期的绘画、造型艺术，甚至文学、音乐等风格和流派紧密结合；有时也以相应时期的绘画、造型艺术，甚至文学、音乐等风格和流派为渊源并相互影响。例如建筑和室内设计中的"后现代主义"一词及其含义，最早出现在西班牙的文学著作中，而"风格派"则是具有鲜明特色荷兰造型艺术的一个流派。可见，建筑艺术除了具有与物质材料、工程技术紧密联系的特征之外，也还和文学、音乐以及绘画、雕塑等门类艺术之间相互沟通。

1.2.1 室内设计的风格

在体现艺术特色和创作个性的同时，相对地说，可以认为风格跨越的时间要长一些，包含的地域会广一些。室内设计的风格主要可分为：传统风格、现代风格、后现代风格、自然风格以及混合型风格等。

1.2.1.1 传统风格

传统风格的室内设计，是在室内布置、线形、色调以及家具、陈设的造型等方面，吸取传统装饰"形""神"的特征。例如，吸取我国传统木构架建筑室内的藻井天棚、挂落、雀替的构成和装饰，明、清家具造型和款式特征。又如传统风格中仿罗马风、哥特式、文艺复兴式、巴洛克、洛可可、古典主义等。此外，还有印度传统风格、伊斯兰传统风格、北非城堡风格等。传统风格常给人们以历史延续和地域文脉的感受，它使室内环境突出了民族文化渊源的形象特征。

1. 中国古典风格

以宫廷建筑为代表的中国古典建筑的室内装饰设计艺术风格，气势恢弘、壮丽华贵，高空间、大进深，雕梁画栋、金碧辉煌，造型讲究对称，色彩讲究对比。装饰材料以木材为主，图案多为龙、凤、龟、狮等，精雕细琢、瑰丽奇巧。但中国古典风格的装修造价较高，且缺乏现代气息，只能在家居中点缀使用。

在现代居室中，如果选择造型比较简单、中国哲学意味非常浓厚的明式家具，家具与空间的对比就不会太强烈；但如果选择比较繁复的清式家具，或者是色彩鲜艳的藏式家具，家具与空间的对比就非常强烈，需要巧妙搭配空间色彩、光影效果和装饰品才能获得最理想的空间装饰效果。

中国传统的室内设计体现了庄重与优雅双重气质。现在的中式风格更多地利用了后现代手法，把传统的结构形式通过重新设计组合，以另一种民族特色的标志符号展现。例如，厅里摆一套明清式的红木家具，墙上挂一幅中国山水画等，传统的书房里自然少不了书柜、书案以及文房四宝。中式的客厅风格具有丰富的内蕴，为了舒适，中式的环境中也常常用到沙发，但颜色仍然体现着中式的古朴，这种表现使整个空间传统中透着现代，现代中揉着古典。其墙壁上的字画无论数量还是内容都不在多，而在于它所营造的意境，以一种东方的美学观念"留白"控制节奏，显出大家风范。可以说无论现在的西风如何劲吹，舒缓的意境始终是东方人特有的情怀，因此书法常常是成就这种意境的最好手段。这样躺在舒服的沙发上，任千年的故事顺指间流淌。

中国风并非是完全意义上的复古明清，而是通过中国古典室内风格的特征表达对清雅含蓄、端庄丰满的东方式精神境界的追求，如图1-3所示。

图1-3　中国传统元素的应用

中国风的构成主要体现在传统家具（多为明清家具）、装饰品及黑、红为主的装饰色彩上。室内多采用对称式的布局方式，格调高雅，造型简朴优美，色彩浓重而成熟。中国传统室内陈设包括字画、匾幅、挂屏、盆景、瓷器、古玩、屏风、博古架等，追求一种修身养性的生活境界。中国传统室内装饰艺术的特点是总体布局对称均衡，端正稳健，而在装饰细节上崇尚自然情趣，花鸟、鱼虫等精雕细琢，富于变化，充分体现出中国传统美学精神。比较适合性格沉稳、喜欢中国传统文化的人。

其实各种建筑材料只要运用得当，即使是使用玻璃、金属等现代建筑材料，一样可以表现中式风格。

2. 欧式风格

欧式风格分为几种，其中的巴洛克风格于17世纪盛行欧洲，强调线形流动变化，色彩华丽。它在形式上以浪漫主义为基础，装修材料常用大理石、多彩的织物、精美的地毯、精致的法国壁挂，整个风格豪华、富丽，充满强烈的动感效果。另一种是洛可可风格，爱用轻快纤细的曲线装饰，效果典雅、亲切，欧洲的皇宫贵族都偏爱这个风格。

现代欧式居室装饰在原来欧式的基础上有所简化，有的不只是豪华大气，更多的是惬意和浪漫。通过完美的典线，精益求精的细节处理，带给家人不尽的舒服触感，实际上和谐是现代欧式的最高境界，如图1-4所示。现代欧式装饰风格最适合大面积房间，若空间太小，不但无法展现其风格气势，反而造成一种压迫感。当然，设计者还要具有一定的美学素养，才能善用现代欧式风格，否则只会弄巧成拙。

3. 地中海风格

地中海周边国家众多，民风各异，但是独特的气候特征还是让各国的地中海风格呈现出一些一致的特点。

图 1-4　欧式风格

通常，"地中海风格"的家居，会采用以下几种设计元素：白灰泥墙、连续的拱廊与拱门，陶砖、海蓝色的屋瓦和门窗。当然，设计元素不能简单拼凑，必须有贯穿其中的风格灵魂。地中海风格的灵魂，目前比较一致的看法就是"蔚蓝色的浪漫情怀，海天一色、艳阳高照的自然美"。以下是地中海风格之特征。

（1）拱形的浪漫空间。"地中海风格"的建筑特色是拱门与半拱门，马蹄状的门窗。建筑中的圆形拱门及回廊通常采用数个连接或以垂直交接的方式，在走动观赏中，出现延伸般的透视感。

此外，家中的墙面处（只要不是承重墙），均可运用半穿凿或者全穿凿的方式来塑造室内的景中窗。这是地中海家居的一个情趣之处，如图 1-5 所示。

图 1-5　地中海风格中的拱门

（2）纯美的色彩方案。"地中海风格"对中国城市家居的最大魅力，恐怕来自其纯美的色彩组合。

西班牙蔚蓝色的海岸与白色沙滩，希腊的白色村庄在碧海蓝天下简直是制造梦幻，南意大利的向日葵花田流淌在阳光下的金黄、法国南部薰衣草飘来的蓝紫色香气、北非特有沙漠及岩石等自然景观的红褐、土黄的浓厚色彩组合。

地中海的色彩确实太丰富了，并且由于光照足，所有颜色的饱和度也很高，体现出色彩最绚烂的一面。所以地中海的颜色特点就是无须造作，本色呈现。

地中海风格按照地域自然出现了三种典型的颜色搭配。

1）蓝与白。这是比较典型的地中海颜色搭配。西班牙、摩洛哥海岸延伸到地中海的东岸希腊。希腊的白色村庄与沙滩、碧海、蓝天连成一片，甚至门框、窗户、椅面都是蓝与白的配色，加上混着贝壳、细沙的墙面，小鹅卵石地面，拼贴陶瓷锦砖及金、银、铁的金属器皿，将蓝与白不同程度的对比与组合发挥到极致，如图1-6所示。

2）黄、蓝紫和绿。南意大利的向日葵、法国南部的薰衣草花田，金黄与蓝紫的花卉与绿叶相映，形成一种别有情调的色彩组合，具有自然的美感。

3）土黄及红褐。这是北非特有的沙漠、岩石、泥、沙等天然景观颜色，辅以北非乡土植物的深红、靛蓝，加上黄铜，带来一种大地般的浩瀚感。

（3）不修边幅的线条。线条是构造形态的基础，因而在家居中是很重要的设计元素。地中海沿岸对于房屋或家具的线条不是直来直去的，显得比较自然，因而无论是家具还是建筑，都形成一种独特的浑圆造型，白墙的不经意涂抹、修整的结果形成一种特殊的不规则表面。

（4）独特的装饰方式。在构造了基本空间形态后，地中海风格的装饰手法也有很鲜明的特征。

图1-6　地中海风格中蓝与白色彩搭配

家具尽量采用低彩度、线条简单且修边浑圆的木质家具；地面则多铺赤陶或石板；陶瓷锦砖镶嵌、拼贴在地中海风格中算较为华丽的装饰，主要利用小石子、瓷砖、贝类、玻璃片、玻璃珠等素材，切割后再进行创意组合。在室内，窗帘、桌巾、沙发套、灯罩等均以低彩度色调和棉织品为主，素雅的小细花条纹格子图案是主要风格。

独特的锻打铁艺家具也是地中海风格独特的美学产物。同时，地中海风格的家居还很注重绿化，爬藤类植物是常见的居家植物，小巧可爱的绿色盆栽也常看见，如图1-7所示。

1.2.1.2　现代主义风格

现代主义起源于1919年创立的包豪斯学派，其基础是俄国构成主义和荷兰风格派。该学派处于当时的历史背景下，强调突破旧的传统，创造新建筑，重视功能和空间组织，注重发挥结构构成本身的形式美，造型简洁，反对多余的装饰；崇尚合理的构成工艺，尊重材料的性能；讲究材料自身的质地和色彩的配置效果，发展了非传统的以功能布局为依据的不对称的构图手法。包豪斯学派重视实际的工艺制作，强调设计与工业生产的联系。

现代主义设计强调摒弃一切不必要的装饰，功能第一，形式第二。现代主义设计的目的是把设计从以往为少数权贵的服务方向，改变成为广大普通民众服务：充满了社会乌托邦与社会工程的动机。设计师的设计不是为了个人表现，而是致力于能够大工业化生产的，普及的新设计。对于现代主义设计师来说，重要的不是风格，而是动机，风格只是解决问题的自然衍生物，如图 1-8 所示。

图 1-7　地中海风格中绿化、沙发套等的搭配

图 1-8　范斯沃斯住宅——密斯·凡·德罗设计

　　虽然有很多设计师在 20 世纪 70 年代认为现代主义已经穷途末路了，因而必须用各种不同类型的历史与装饰风格对其进行修正，从而引发了后现代主义运动。但是，有一些设计师却依然坚持不懈地发展现代主义的传统，完全依照现代主义的基本语言设计。他们根据具体情况加入了新的简单形式的象征意义，虽人数不多，但影响很大。贝聿铭便是杰出的代表，卢浮宫前的玻璃金字塔，结构本身不仅是功能的需要，还有象征历史与文明。他改变了一成不变的方玻璃盒子，并延续和赋予建筑和室内以新的内涵，如图 1-9 所示。

1.2.1.3　后现代风格

　　后现代主义一词最早出现在西班牙作家德·奥尼斯 1934 年的《西班牙与西班牙语类诗选》一书中，用来描述现代主义内部发生的逆动，特别有一种现代主义纯理性的逆反心理，即为后现代风格。20 世纪 50 年代，美国在所谓现代主义衰落的情况下，也逐渐形成后现代主义的文化思潮。受 20 世纪 60 年代兴起的大众艺术的影响，后现代风格是对现代风格中纯理性主义倾向的批判，后现代风格强调建筑及室内装潢应具有历史的延续性，但又不拘泥于

图1-9 卢浮宫前的玻璃金字塔——贝聿铭设计

传统的逻辑思维方式，探索创新造型手法，讲究人情味，常在室内设置夸张、变形的柱式和断裂的拱券，或把古典构件的抽象形式以新的手法组合在一起，即采用非传统的混合、叠加、错位、裂变等手法和象征、隐喻等手段，以期创造一种融感性与理性、集传统与现代、揉大众与行家于一体的即"亦此亦彼"的建筑形象与室内环境。对后现代风格不能仅仅以所看到的视觉形象来评价，需要我们透过形象从设计思想来分析。后现代风格的代表人物有P·约翰逊、R·文丘里、M·格雷夫斯等。如图1-10所示：佛罗里达迪士尼乐园中的天鹅饭店是格雷夫斯后现代主义建筑的代表作之一，其外部到内部，各部分体型大小不一，装饰夸张，色彩丰富，在顶部以蚬壳、天鹅来装饰，以增强建筑物明显的视觉效果，主体建物墙面饰以波浪纹饰图案相衬托，将迪士尼童话般的游乐园环境，塑造成有别于前期传统形式的全新风貌。

图1-10 佛罗里达天鹅饭店

1.2.1.4 自然风格

自然风格倡导"回归自然"，美学上推崇自然、结合自然，才能在当今高科技、高节奏的社会生活中，使人们取得生理和心理的平衡，因此室内多用木料、织物、石材等天然材料，显示材料的质感和纹理，清新淡雅。此外，由于其宗旨和手法的类同，也可把田园风格归入自然风格一类。田园风格在室内环境中力求表现悠闲、舒畅、自然的田园生活情趣，也常运用天然木、石、藤、竹等材质质朴的纹理，创造自然、简朴、高雅的氛围。

此外，也有把 20 世纪 70 年代反对千篇一律的国际风格的装饰手法，如砖墙瓦顶的英国希灵顿市政中心以及耶鲁大学教员俱乐部，室内采用木板和清水砖砌墙壁、传统地方门窗造型及坡屋顶等称为"乡土风格"或"地方风格"，也称"灰色派"（图 1-11）。

图 1-11　自然风格室内装饰图

1.2.1.5　混合型风格

近年来，建筑设计和室内设计在总体上呈现多元化、兼容并蓄的状况。室内布置中也有既趋于现代实用，又吸取传统的特征，在装潢与陈设中融古今中西于一体，例如，传统的屏风、摆设和茶几，配以现代风格的墙面及门窗装修、新型的沙发；欧式古典的琉璃灯具和壁面装饰，配以东方传统的家具和埃及的陈设、小品等。混合型风格虽然在设计中不拘一格，运用多种体例，但设计中仍然是匠心独具，注重形体、色彩、材质等方面的总体构图和视觉效果（图 1-12）。

图 1-12　混合型风格室内装饰图

1.2.2　室内设计的流派

流派，这里是指室内设计的艺术派别。现代室内设计从所表现的艺术特点分析，也有多种流派，主要有：高技派、光亮派、白色派、新洛可可派、超现实派、解构主义派以及装饰艺术派等。

1. 高技派或称重技派

高技派或称重技派，突出当代工业技术成就，并在建筑形体和室内环境设计中加以炫耀，崇尚"机械美"，在室内暴露梁板、网架等结构构件以及风管、线缆等各种设备和管道，强调工艺技术与时代感。高技派典型的实例为法国巴黎蓬皮杜国家艺术与文化中心

（图 1-13）等。

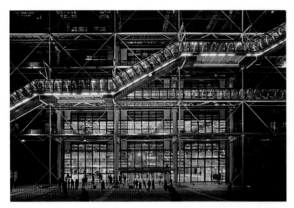

图 1-13　法国巴黎蓬皮杜国家艺术与文化中心

2. 光亮派

光亮派也称银色派，在室内设计中夸耀新型材料及现代加工工艺的精密细致及光亮效果，往往在室内大量采用镜面及平曲面玻璃、不锈钢、磨光的花岗石和大理石等作为装饰面材，在室内环境的照明方面，常使用折射、漫射等各类新型光源和灯具，在金属和镜面材料的映衬下，形成光彩照人、绚丽夺目的室内环境（图 1-14）。

3. 白色派

白色派的室内朴实无华，室内各界面以至家具等常以白色为基调，简洁明确，例如美国建筑师 R·迈耶设计的史密斯住宅及其室内装饰即属此例（图 1-15）。R·迈耶白色派的室内设计，并不仅仅停留在简化装饰、选用白色等表面处理上，而是具有更为深层的构思内涵，设计师在室内环境设计时，是综合考虑了室内活动着的人以及透过门窗可见的变化着的室外景物，由此，从某种意义上讲，室内环境只是一种活动场所的"背景"，从而在装饰造型和用色上不作过多渲染。

图 1-14　光亮派室内装饰图　　　　　　　　　图 1-15　史密斯住宅

4. 新洛可可派

洛可可原为18世纪盛行于欧洲宫廷的一种建筑装饰风格，以精细轻巧和繁复的雕饰为特征，新洛可可仰承了洛可可繁复的装饰特点，但装饰造型的"载体"和加工技术却运用现代新型装饰材料和现代工艺手段，从而具有华丽而略显浪漫、传统中仍不失有时代气息的装饰氛围（图1-16）。

图1-16　新洛可可派室内装饰图

5. 风格派

风格派起始于20世纪20年代的荷兰，以画家P·蒙德里安等为代表的艺术流派，强调"纯造型的表现"，"要从传统及个性崇拜的约束下解放艺术"。风格派认为"把生活环境抽象化，这对人们的生活就是一种真实"。他们对室内装饰和家具经常采用几何形体以及红、黄、青三原色，间或以黑、灰、白等色彩相配置。风格派的室内装饰，在色彩及造型方面都具有极为鲜明的特征与个性。建筑与室内常以几何方块为基础，对建筑室内外空间采用内部空间与外部空间穿插统一成为一体的手法，并以屋顶、墙面的凹凸和强烈的色彩对块体进行强调（图1-17）。

图1-17　风格派室内装饰图

6. 超现实派

超现实派追求所谓超越现实的艺术效果，在室内布置中常采用异常的空间组织，曲面或具有流动弧形线型的界面，浓重的色彩，变幻莫测的光影，造型奇特的家具与设备，有时还以现代绘画或雕塑来烘托超现实的室内环境气氛。超现实派的室内环境较为适合具有视觉形象特殊要求的某些展示或娱乐的室内空间（图1-18）。

7. 解构主义派

解构主义是20世纪60年代，以法国哲学家J·德里达为代表所提出的哲学观念，是对20世纪前期欧美盛行的结构主义和理论思想传统的质疑和批判，建筑和室内设计中的解构主义派对传统古典、构图规律等均采取否定的态度，强调不受历史文化和传统理性的约束，是一种貌似结构构成解体，突破传统形式构图，用材粗放的流派（图1-19）。

图1-18 超现实派室内装饰图

图1-19 解构主义派室内装饰图

8. 装饰艺术派或称艺术装饰派

装饰艺术派起源于20世纪20年代法国巴黎召开的一次装饰艺术与现代工业国际博览会，后传至美国等各地，如美国早期兴建的一些摩天大楼即采用这一流派的手法。装饰艺术派善于运用多层次的几何线型及图案，重点装饰于建筑内外门窗线脚、檐口及建筑腰线、顶角线等部位。上海早年建造的老锦江宾馆及和平饭店（图1-20）等建筑的内外装饰，均为装饰艺术派的手法。近年来一些宾馆和大型商场的室内，出于既具时代气息，又有建筑文化的内涵考虑，常在现代风格的基础上，在建筑细部饰以装饰艺术派的图案和纹样。

当今社会是从工业社会逐渐向后工业社会或信息社会过渡的时期，人们对周围环境的需要除了能满足使用要求、物质功能之外，更注重对环境氛围、文化内涵、艺术质量等精神功能的需求。室内设计不同艺术风格和流派的产生、发展和变换，既是建筑艺术历史文脉的延续和发展，具有深刻的社会发展历史和文化的内涵，同时也必将极大地丰富人们的精神生活。

图 1-20　上海和平饭店

1.3　室内设计的基本美学特征

室内设计已成为世界性的潮流，成为与人们的生活息息相关的大众艺术，具有广泛的群众性，室内设计的创新不断刺激着新的文化创造，新材料的应用，促进科学、文化、艺术的繁荣，促成新社会观念和新的生活方式的变更，它对提高人们的生活质量和使社会生活更加有序化、理想化和艺术化有着不可忽视的特殊作用。

1.3.1　室内设计是一种有目的的审美创造活动

室内设计艺术是一门实用艺术，是一种有目的的审美创造活动，它主要为人们的生产、生活服务，有很强的目的性，它首要的和直接的目的是满足不同的空间功能要求，让空间更好地服务于人们的生产、生活，然后激发人们的审美情趣，提高人们的生产、生活质量。

室内设计美的价值在于实用，是实用与审美的统一，首先在于满足人们对物质生活的需求，其次才是美的需求。因而，再美的室内设计，如果不具备实用功能，也就失去了存在的价值和美的价值。室内设计作品的美绝不是为美而美，而要"适得其中"，这是室内设计的基本美学特征。

室内设计不是纯艺术，与绘画艺术在创造的目的性上有着根本差别和不同的评价标准。

1.3.2　室内设计作品有丰富的审美内涵

室内设计具有精神领域的美学特征，有丰富的审美内涵。它是"按照美的规律来造型"，传达设计者的文化层次等，只有在充分揭示其美学价值时才能得以实现，它运用审美手段去表达设计主题，又通过审美去实现其传递信息功能。

在艺术的认识、教育、审美三个作用方面，室内设计作品的审美作用占有突出的地位，它主要通过审美创造活动达到认识教育的作用，对人们的思想有潜移默化的影响，给人们以美的享受。

它依靠经过艺术处理的、富有感染力的室内空间形象和造型语言、质感，给人以强烈的、鲜明的视觉感受。一个毫无美感的、缺乏艺术感染力的室内设计作品是难以完成从作品到产品、实现其商业化的宗旨。

室内设计艺术重要的美学特征在于"达意"，即正确真实地表达室内空间本身的个性、特征，通过美表达出"真"（产品的真实可信）和"善"（产品的质地优良）。

"真"是美的基础，这是室内设计艺术表现的重要前提，在商品或服务信息的传递上一切要立足于真实，不虚假和伪善。

"善"是要表达室内空间设计的实用价值，是对社会、对消费者的直接功利，实现了善才可能有美的存在。

"美"必须建立在真、善的基础上，但美终究是为了真、善。只有三个方面的高度统一，室内设计艺术的艺术美才得以充分的体现。

1.4 室内设计的程序与步骤

良好的室内设计的程序与步骤是保障室内设计的前提，一般分为四个阶段展开，即设计准备阶段、方案设计阶段、施工图设计阶段，设计实施（施工）阶段。见表1-1。

表1-1 室内设计的程序与步骤

设计准备阶段	1. 接受委托任务书，或根据标书要求参加投标 2. 明确设计期限，制订设计计划进度表，考虑各设计人员的配合 3. 明确设计任务和要求，如室内的使用性质、功能要求、造价等 4. 收集并分析有关的资料信息，熟悉设计的有关规范、现场勘测等 5. 签订合同，设计进度安排，与业主商议确定设计费率
方案设计阶段	1. 进一步收集、分析资料与信息，构思立意，进行初步方案设计 2. 确定初步方案，提供设计文件，包括平面图、顶平面图、立面展开图、彩色表现图、装饰材料实样、设计说明与造价概算等 3. 初步设计方案的修改与确定，或参加投标
施工图设计阶段	1. 补充施工所必须的有关平面图、室内立面图等图样 2. 构造节点详图、细部大样图，设备管线图 3. 编制施工说明和造价预算
设计实施（施工）阶段	1. 设计人员向施工单位进行设计意图说明、图样的技术交底 2. 按图样检查施工现场实况，有时要作必要的局部修改或补充（修改或补充要出设计变更联系单） 3. 会同质检部门和委托单位进行工程的验收

在各阶段，设计人员都需要积极与委托方、施工单位的联系、协调，以取得沟通和共识；抓好设计各个阶段的环节，充分重视设计、施工、材料、设备（水、电、暖通等设备部门）等各方面的衔接；重视与原建筑物建筑设计的衔接，以期获得理想的设计效果。

本 章 小 结

本章阐述了室内设计的含义及内容，重点介绍了室内设计的风格流派，对室内设计的基本美学特征和室内设计的程序与步骤也做了简单的介绍。

思考题与习题

1. 简述室内设计的含义。

2. 收集 10 张室内装修图片，分别和室内设计流派一一对应，写出图片的设计风格与特点。

3. 收集 3 张不同地区的室内装修图片，分析其特点。

4. 调查所在地区的室内设计主流风格，写 500 字的配图调查报告。

第 2 章 室内空间设计

学习目标：

通过本章学习，了解室内空间、室内空间设计的基本概念，室内空间设计应注意的问题，如何设计，行为习惯对空间设计的影响。

学习重点：

1. 室内空间的类型和功能。
2. 室内空间的人流分析。
3. 室内空间的序列设计。

学习建议：

1. 首先，要了解室内空间设计的含义与基本内容。
2. 积极了解空间的功能、类型。
3. 人流分析对室内空间设计有着重要的作用。

2.1 室内空间的组织

人类与动物的最大区别在于能否制造和使用工具，在室内空间上的显著特点，就是能否利用环境、改造环境。从原始人的穴居、巢居，发展到具有完善设施的室内空间，是人类经过漫长的岁月，对自然环境进行长期改造的结果。最早的室内空间约是公元前 3000 年前的洞穴，从洞穴内的反映当时游牧生活的壁画来看，人类早期就注意装饰自己的居住环境。室内环境是反映人类物质生活和精神生活的一面镜子，是生活创造的舞台。人的本质趋向于有选择地对待现实，并按照自己的思想、愿望来加以改造和调整。不同时代的生活方式，对室内空间都有不同的要求，正是由于人类不断改造和现实生活紧密相联的室内环境，才使得室内空间的发展变得永无止境，并在空间的质和量两个方面充分体现出来。

2.1.1 室内空间的概念

空间是物质存在的一种客观形式，由长度、宽度和高度表示，是物质存在的广延性和伸张性的表现。

与人有关的空间有自然空间和人为空间两大类。前者如自然界的山谷、沙漠、草地等；后者是人工围合的，如广场、庭院、厅堂等。人工空间是人们为了达到某种目的而创造的，因此，也称目的空间。这类空间，是由"界面"围合的，底下的称"底界面"，顶部的称"顶界面"，周围的称"侧界面"。根据有无顶界面，人们又把人为空间分为两种：无顶界面的称外部空间，包括广场、庭院等；有顶界面的称室内空间，包括厅、堂、室等，也包括无侧界面的亭、廊等。室内空间是室内设计的基础。空间处理是室内设计中的重要内容，这是因为，人的大部分活动都是在室内空间进行的，其形状、大小、比例、开敞与封闭的程度等，直接影响室内环境的质量和人们生活的质量。我们"看"建筑，"看"到的都是它的实体，如墙、柱、梁、板、门、窗等，但真正供人使用的，不是这些能够被人"看"到的实体，恰恰是由这些实体围成的空间。理论界常常引用老子在《道德经》中说过的一段话："埏埴以为器，当其无，有器之用；凿户牖以为室，当其无，有室之用。故有之以为利，无之以为用。"这段话的意思是，揉合粘土做成陶器，真正有用的是它空虚的部分；建造房屋，开门开窗，有用的也只是室内的空间。老子说这段话的本意是阐述虚实、有无的关系，但所举之例，却恰好为研究室内空间的作用提供了有益的启示。

室内空间的作用不仅在于供人使用，还在于它可能具有很强的艺术表现力：宽大而明亮的大厅，会使人觉得开朗舒畅；广阔但低矮的大厅，会使人觉得压抑、沉闷，甚至恐怖，所有这一切表明，空间是有精神功能的。如果再进一步进行装修和装饰，并把若干个空间组合起来，构成有机体，形成一个序列，身临其境者，还会进而完成艺术体验的全过程。

进入近现代之后，空间观有了新发展，室内空间已经突破了六面体的概念。西班牙巴塞罗那世界博览会的德国馆，没有被划分成传统的六面体式的房间，而是用一些平滑的隔板，交错组合，使空间成了一个互相交融、自由流动、界线朦胧的组合体（图2-1）。

空间观的发展还表现在把"时间"因素考虑到空间效果内，这是因为，人们欣赏建筑往往不是一个静态的过程，而是一个走进走出的动态过程。正像美国人哈姆林在《建筑形式美的原则》中所说的那样："一个复杂建筑的完全评价，需要的不只是几分钟几个小时的工夫，而是许多天甚至几个星期的时间"。由此，有些理论家又把建筑称为"四度空间的艺术"。

图2-1　德国馆分析模型

2.1.2　室内空间的特性与类型

1. 室内空间特性

人们从室外的自然空间进入人工的室内空间，处于相对的不同环境。外部和大自然直接发生关系，如天空、太阳、山水、树木花草；内部主要和人工因素发生关系，如顶棚、地面、家具、灯光、陈设等。

室外是无限的，室内是有限的，室内围护空间无论大小都有规定性，因此相对说来，生活在有限的空间中，对人的视距、视角、方位等方面有一定限制。室内外光线在性质上、照度上也很不一样。室外是直射阳光，物体具有较强的明暗对比，室内除部分阳光直接照射外，大部分是受反射光和漫射光照射，没有强的明暗对比，光线比室外要弱。因此，同样一个物体，如室外的柱子，受到光影明暗的变化，显得小；室内的柱子因在漫射光的作用下，没有强烈的明暗变化，显得大一点；室外的色彩显得鲜明，室内的显得灰暗。了解这些关系对考虑物体的尺度、色彩是很重要的。

室内是与人最接近的空间环境，人在室内活动，身临其境，室内空间周围存在的一切与人息息相关，室内一切物体既触摸频繁，又察之入微，对材料在视觉上和质感上比室外有更强的敏感性。由室内空间采光、照明、色彩、装修、家具、陈设等多因素构成的室内空间形象在人的心理上产生比室外空间更强的承受力和感受力，从而影响到人的生理、精神状态。室内空间的这种人工性、局限性、隔离性、封闭性、贴近性，其作用类似蚕的茧子，有人称为人的"第二层皮肤"。

现代室内空间环境，对人的生活思想、行为、知觉等方面发生了根本的变化，应该说是一种合乎发展规律的进步现象。但同时也带来不少的问题，主要由于与自然的隔绝、脱离日趋严重，从而使现代人体能下降。因此，有人提出回归自然的主张，怀念日出而作、日落而息的与自然共呼吸的生活方式，在当代得到了很大的反响。

虽然历史是不会倒退的，但人和自然的关系是可以调整的，尽管这是一个全球性的系统工程，但也应从各行各业做起。对室内设计来说，应尽可能扩大室外活动空间，利用自然采光、自然能源、自然材料，重视室内绿化，合理利用地下空间等，创造可持续发展的室内空间环境，保障人和自然协调发展。

2. 室内空间的类型

（1）按空间的形成过程分类。可分成固定空间和可变空间。

固定空间，顾名思义是指由墙、柱、楼板或屋盖围成的空间，这是基本不可以改变的，这是因为在一般情况下很难改变墙、柱、楼板或屋盖的位置，建筑结构部分基本是不能动的，在固定空间内用隔墙、隔断、家具、陈设等划分出来的空间是可变空间。

一般来说固定空间常是功能明确、位置固定的空间，因此可以用固定不变的界面围隔而成。如目前居住建筑设计中常将厨房、卫生间作为固定不变的空间，确定其位置，而其余空间可以按用户需要自由分隔。组成可变空间是空间处理中的一项重要内容，因为正是这些空间直接构成了人们从事各种活动的场所。

（2）按空间的开敞程度分类。可分为开敞式空间和封闭式空间。

开敞式空间就是空间和外部通透性比较好，主要是视觉上的通透，和封闭式空间的区别主要表现于侧界面的开敞程度：以实墙或者虽有门窗洞口但门窗洞口面积较小的墙体围合的空间称封闭式空间；以柱廊、落地窗、玻璃幕墙或带有大面积门、窗、洞口的墙体围合的空间称开敞式空间。在一般情况下，内部空间应尽可能与外部空间相沟通，这不仅有利于引入自然风、光，也有利于欣赏自然景观，符合人们亲近自然的天性。

一般来说，公共性空间使用开敞式空间，个人的、私密的空间用封闭式空间。

（3）按空间的灵活程度分类，分为单纯空间和灵活空间。有些空间功能明确而单纯，可称单纯空间；有些空间能够适应多种功能，可称灵活空间。在现代社会，人们的生产方式、工作方式和生活方式是不断变化的。从生产方面看，产品不断更新换代，工艺流程不断改进；从工作上看，机构、人员、办公条件不断改变；从日常生活上看，人们的兴趣爱好逐渐增多，业余活动丰富多彩，社会活动日趋活跃……这一切都表明，功能单一的空间很难适合现代社会的需要，为此，必须逐步改变传统的、静态的设计观，代之以动态的设计观，设计更加灵活的空间。这里所说的灵活空间，大致有两种：一种是改变用途时不必或者基本不必改变形态的，如常说的"多功能厅"，在不改变空间形态的情况下，就可以用于会议、联欢、展示或就餐等。这种空间的特点是"以不变应万变"，故也称多功能空间。另一种是改变用途时必须改变空间形态的，如在体育馆中用折叠式隔断划分空间，打开隔断时，空间较大，可打羽毛球；拉起隔断时，空间被分小，可打乒乓球等。

（4）按空间限定的程度分类，可分为实空间和虚空间。空间与空间的联系表现在交通、视线、声音等诸多方面。有些空间范围明确，具有较强的独立性，人们便常把它们称为"实空间"。有些空间不是用实墙围合的，而是用花槽、家具、屏风等划分出来的，它们处于实空间之内，但又与其他空间相互贯通，在交通、视线、声音等方面很少阻隔，这种空间便是人们常说的虚空间（图2-2）。虚空间又称虚拟空间、心理空间或"空间里的空间"，其基本特征是：用非建筑手段构成，处于实空间之内，但又具有相对的独立性。虚空间的作用主要表现在两个方面：一是在实际功能方面，一是在空间效果方面。从实际功能上看，它能够为使用者提供一些相互独立的小空间，如办公室中的小间、餐厅中的卡座等，起到闹中取静、隔而不断的作用。从空间效果上看，它能够使空间显得丰富多彩，更有变化和层次，如在沙发下面垫上地毯，以区别与其他功能空间。

图2-2　以家具和灯光组成的虚拟空间

（5）按空间的私密程度分类，可分为私用空间、公共空间和共享空间。

以宾馆为例，客房及管理用房等私密程度较高，属于私用空间；餐厅、舞厅等私密程度较小，属公共空间；体量庞大（可能贯通几层楼），功能复杂，集交通枢纽、休闲、购物、活动为一身的大空间，如四季厅等属共享空间。

共享空间是适应日益频繁的社会交际和丰富多彩的社会活动的需要而出现的。美国著名建筑师和房地产企业家约翰·波特曼是现代共享空间的创始人，他所设计的共享空间，体量高敞巨大，有的高达数十米；空间富于变化，互相渗透、穿插；景观十分丰富，往往有雕塑、水池、绿化、天桥、走廊等多种景物和陈设。它们功能完善，不乏酒吧、电信、餐厅、商店、楼梯、电梯、观光电梯等设施。波特曼认为，"人"是一大景观，"人看人"是一大乐趣，处于他所设计的共享空间内，确实既能享受服务，又能享受观景和"看人"的乐趣（图2-3）。

共享空间最初出现在酒店和宾馆，现在则扩展至办公、商业、博览、交通等建筑。与公共空间、共享空间相对的是私密空间，设计私密空间，必须满足安全、隔声等要求，还要创造出平和、亲切的气氛。

（6）按空间的态势分类，可分为静态空间和动态空间。

室内设计要素中有一些活动的要素，如喷泉、瀑布、动物及变化的灯光等，称为动态空间。这里所说的静态空间和动态空间，是指人的主观感受。有些空间，要素虽为静止的，但如果能够使其具有动感，就可能成为动态空间。

动态空间又有几种不同的类型：一是由建筑的功能决定的，如博览建筑，其空间组织必须符合参观路线的要求；再如火车站、候机楼等建筑，其空间组织必须符合购票—候车（机）—检票—登车（机）等程序。二是由建筑的性质决定的，如歌厅、舞厅等娱乐场所，必须具备与其性质相符合的氛围，故而常常采用变幻莫测的灯光、起伏流畅的图案以及明朗欢快的色彩等。静态空间气氛平静，利于人们休息和集中精力地工作，故客厅、卧室、会议室、办公室等都设计成静态空间。

动态空间与静态空间各有特点，各自适于不同的场合，设计师应该以建筑的功能和性质为依据，做到该动则动，该静则静。

2.1.3　室内空间的功能

空间的功能包括物质功能和精神功能。

物质功能包括使用上的要求，如空间的面积、大小、形状，家具、设备布置，交通组织、疏散、消防、安全等措施以及采光、照明、通风、隔声、隔热等的物理环境等。

精神功能是在物质功能的基础上，在满足物质需求的同时，从人的文化、心理需求出发，如人的不同的爱好、愿望、意志、审美情趣、民族文化、民族象征、民族风格等，并能充分体现在空间形式的处理和空间形象的塑造上，使人们获得精神上的满足和美的享受（图2-4）。而对于建筑空间形象的美感问题，由于审美观念的差别，往往难以一致，而且审美观念就每个人来说也是发展变化的，要确立统一的标准是困难的，但这并不能否定建筑形象美的一般规律。建筑美，不论其内部或外部均可概括为形式美和意境美两个主要方面。

图2-3　共享空间

图2-4　厨房空间首先要满足物质
使用功能，还要满足审美需要

空间的形式美的规律如平常所说的构图原则或构图规律，如统一与变化、对比、微差、韵律、节奏、比例、尺度、均衡、重点、比拟和联想等。它是在创造建筑形象美时必不可少的手段，许多不够完美的作品，总可以在这些规律中找出某些不足之处。由于人的审美观念的发展变化，这些规律也在不断得到补充、调整，以至产生新的构图规律。

空间的意境美主要体现在空间的时代性、民族性、地方性的表现，对住宅来说还应注意住户个人风格的表现。

意境创造要抓住人的心灵，首先要了解和掌握人的心理状态和心理活动规律。此外，还可以通过人的行为模式来分析人的不同的心理特征。

2.1.4 室内空间的组合

室内空间组合首先应该根据物质功能和精神功能的要求进行创造性的构思。一个好的方案总是根据当时当地的环境，结合建筑功能要求进行整体筹划，分析矛盾主次，抓住问题关键，内外兼顾，从单个空间的设计到群体空间的序列组织，由外到内，由内到外，反复推敲，使室内空间组织达到科学性、经济性、艺术性，理性与感性的完美结合，做出有特色，有个性的空间组合。空间组织离不开结构方案的选择和具体布置，结构布局的简洁性和合理性与空间组织的多样性和艺术性应该很好地结合起来。经验证明，在考虑空间组织的同时应该考虑室内家具等的布置要求以及结构布置对空间产生的影响，否则会带来不可弥补的先天性缺陷。

随着社会的发展，人口的增长，可利用的空间是一种趋于相对减少的量，空间的价值理念将随着时间的推移而日趋提高，因此如何充分地、合理地利用和组织空间，就成为一个更为突出的问题。我们应该把没有重要的物质功能和精神功能价值的空间称为多余的浪费空间，没有修饰的空间（除非用作储藏）是不适用的、浪费的空间。合理地利用空间，不仅反映在对内部空间的巧妙组织，而且在空间的大小、形状的变化，整体和局部之间的有机联系，在功能和美学上达到协调和统一。

在空间的功能设计中还有一个值得重视的问题，就是对储藏空间的处理。储藏空间在每类建筑中是必不可少的，在居住建筑中尤其显得重要。如果不妥善处理，常会侵占其他空间或造成室内空间的杂乱。包括储藏空间在内的家具布置和室内空间的统一，是现代住宅设计的主要特点，一般常采用下列几种方式：

（1）嵌入式（或称壁龛式）。它的特点是储藏空间与结构结成整体，充分保持室内空间面积的完整，常利用突出于室内的框架柱，嵌入墙内的空间（图2-5），以及利用窗子上下部空间来布置橱柜等。

（2）壁式橱柜。用占有一面或多面的完整墙面做成固定式或活动式组合柜，有时作为房间的整片分隔墙柜，使室内保持完整统一（图2-6）。

（3）悬挂式。这种"占天不占地"的方式可以单独运用，也可以和其他家具组合成富有虚实、凹凸、线面纵横等生动的储藏空间，在居住建筑中广泛地被应用，比如厨房里的吊柜（图2-7）。运用这种方式应高度适当，构造牢固。避免地震时落物伤人。

（4）收藏式。结合壁柜设计活动床桌，可以随时翻下使用，使空间用途灵活，在小面积住宅和有临时增加家具需要的用户中，运用非常广泛（图2-8）。

图 2-5　嵌入墙体的储藏空间

图 2-6　用柜子作隔墙，美观又利用空间

图 2-7　吊柜美观又可以储藏物品

图 2-8　床体可以收藏起来，节省空间

（5）桌橱结合式。充分利用桌面剩余空间，桌子与橱柜相结合（图2-9）。

此外，还有其他多功能的家具设计，如沙发床及利用家具单元作各种用途的拼装组合家具。

当在考虑空间功能和组织的时候，另一个值得注意的问题是，除上述所说的有形空间外，还存在着"无形空间"或称心理空间。实验证明，某人在阅览室里，当周围到处都是空座位而不去坐，却偏要紧靠一个人坐下，那么后者不是局促不安地移动身体，就是悄悄走开，这种心情很难用语言表达。在图书馆里，那些想独占一处的人，就会坐在长方桌一头的椅子上，那些竭力不让他人和他并坐的人，就会占据桌子两侧中间的座位；在公园里，先来的人坐在长凳的一端，后来者就会坐在另一端，此后行人对是否要坐在中间位置上，往往犹豫，这种无形的空间范围，就是心理空间。

室内空间的大小、尺度、家具布置和座位排列，以及空间的分隔等，都应从物质需要和心理需要两方面结合起来考虑。设计师是物质环境的创造者，不但应关心人的物质需要，更要了解人的心理需求，并通过良好的优美环境来影响和提高人的心理素质，把物质空间和心理空间统一起来。

2.1.5 室内空间的分隔与联系

室内空间的分隔与联系，从某种意义上讲，也就是根据不同使用目的，对空间在垂直和水平方向进行再组合，通过组合，为人们提供良好的空间环境，满足不同的活动需要，并使其达到物质功能与精神功能的统一。从空间类型来看，空间或多或少与分隔和联系的方式分不开。空间的分隔和联系不仅是一个技术问题，也是一个艺术问题，除了从功能使用要求来考虑空间的分隔和联系外，对分隔和联系的处理，如它的形式、组织、比例、方向、线条、构成以及整体布局等，都对整个空间设计效果有着重要的影响，反映出设计的特色和风格。良好的分隔总是以少胜多，虚实得宜，构成有序的体系。

1. 空间的分隔是处理好不同的空间关系和层次的分隔

首先是室内外空间的分隔，如入口、天井、庭院，它们都与室外紧密联系，体现内外结合及室内空间与自然空间交融等。其次是内部空间之间的关系，主要表现在：封闭和开敞的关系，空间的静止和流动的关系，空间过渡的关系，空间序列的开合、扬抑的组织关系，空间的开放性与私密性的关系以及空间性格的关系。最后是各别空间内部在进行装修、布置家具和陈设时，对空间的再次分隔。这三个分隔层次都应该在整个设计中获得高度的统一。

建筑物的承重结构，如承重墙、柱、剪力墙以及楼梯、电梯井和其他竖向管线井等，都是对空间的固定不变的分隔因素，因此，在划分空间时应特别注意它们对空间的影响，非承重结构的分隔材料，如各种轻质隔断、落地罩、博古架、帷幔、家具、绿化等分隔空间，应注意其构造的牢固性和装饰性。例如，某住宅的餐厅和客厅之间，用一装饰鱼缸和白色人造大理石隔开（图2-10），把住宅的客厅和餐厅之间的界限模糊和不限定了，使餐厅空间与客厅空间交织在一起，并创造不同的内部空间感受。

图2-9 桌子和橱柜的结合，充分利用了空间　　　　图2-10 经过设计，鱼缸也是很好的隔断工具

此外，利用天棚、地面的高低变化或色彩、材料质地的变化，可作象征性的空间限定，即上述的虚拟空间或者心理空间的分隔（图2-11）。

2. 空间的联系是处理好空间与空间之间生活方式关系的一种手段

空间联系没有固定空间界限，可以是两个空间之间的模糊空间，也可以是从属于某个空间，通常称之为灰空间，在不同的功能空间有着不同的名字：玄关、前厅等，主要有如下两个作用：

（1）过渡的室内空间。过渡空间和空间的过渡，是根据人们日常生活习惯的需要提出来的，比

图2-11　通过压低过道吊顶，把过道空间从客厅餐厅中间区分出来

如：当人们进入自己的家庭时，都希望在门口有块地方擦鞋换鞋，放置雨伞、挂雨衣，或者为了家庭的安全性和私密性，也需要进入居室前有块缓冲地带，这就是我们通常所说的玄关。再比如：在影剧院中，为了不使观众从明亮的室外突然进入较暗的观众厅而引起由于视觉上的急剧变化带来的不适应感觉，常在门厅、休息厅和观众厅之间设立渐次减弱光线的过渡空间。这些都属于实用性的过渡空间。此外，还有如厂长、经理办公室前设置的秘书接待室，某些餐厅、宴会厅前的休息室，除了一定的实用性外，还体现了某种礼节、程式、级别和身份。凡此种种，都说明过渡空间性质包括实用性、私密性、安全性、礼节性、等级性等多种性质。

过渡空间作为前后空间、内外空间的媒介、桥梁、衔接体和转换点，在功能和艺术创作上，有其独特的地位和作用。过渡的形式是多种多样的，有一定的目的性和规律性，如从公共性至私密性的过渡常和开放性至封闭性过渡相对应，和室内外空间的转换相联系：

公共性——半公共性——半私密性——私密性，

开敞性——半开敞性——半封闭性——封闭性，

室外——半室外——半室内——室内。

过渡的目的常和空间艺术的形象处理有关，如欲扬先抑、欲散先聚、欲广先窄、欲高先低、欲明先暗等，要想达到"山穷水尽疑无路，柳岸花明又一村"、"曲径通幽处，禅房花木深"、"庭院深深深几许"等诗情画意的境界，恐怕都离不开过渡空间。

（2）室内空间的引导作用。灰空间还常作为一种艺术手段起到空间的引导作用。例如，狭长的走廊尽头一端有景台，可以起到消除压迫感的引导作用（图2-12）。

2.1.6　室内空间的序列

空间其实是没有序列的，因为有了人的活动，空间才有了生机。空间的序列和人的行为是相关联的，设计空间序列其实是设计人的生活。例如看电影，人的活动流程就是先要了解电影广告，进而去买票，然后在电影开演前略加休息或做其他准备活动（买小吃、上厕所

等），最后观看（这时就相对静止），看完后由后门或旁门疏散，看电影这个活动就基本结束，那么建筑物的空间设计一般也就按图2-13的序列来安排。

人的活动就是空间序列设计的客观依据。对于更为复杂的活动过程或同时进行多种活动，如参加规模较大的展览会，进行各种文娱社会活动和游园等，建筑室内空间设计相应也要复杂一些，在序列设计上，层次和过程也相应增多。空间序列设计虽应以活动过程为依据，但如仅仅满足行为活动的物质需要是远远不够的，因为这只是一种"行为工艺过程"的体现而已，而空间序列设计除了按"行为工艺过程"要求，把各个空间作为彼此相互联系的整体来考虑外，还以此作为建筑时间、空间形态的反馈作用于人的一种艺术手段，以便更深刻、更全面、更充分地发挥建筑空间艺术对人心理上、精神上的影响。空间序列的设计其实是

图 2-12　走廊的端景台有助于引导人的流向

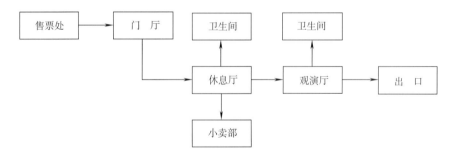

图 2-13　看电影的活动程序

对人的生活活动的设计，所以说我们设计的不是空间，而是设计生活。设计来源于生活而又高于生活，设计引导生活。

因此，空间的连续性和时间性是空间序列的必要条件，人在室内空间活动感受到的精神状态是空间序列考虑的基本因素；空间的艺术章法则是空间序列设计主要的研究对象，也是对空间序列全过程构思的结果。

1. 空间序列的发生过程

序列的发生过程一般可以分为下列几个阶段：

（1）起始阶段。这个是空间序列的开端，开端的第一印象在任何时间艺术中无不予以充分重视，因为它与预示着将要展开的心理推测有着习惯性的联系。一般说来，具有足够的吸引力是起始阶段考虑的主要核心。

（2）过渡阶段。它既是起始后的承接阶段，又是出现高潮阶段的前奏，在序列中，起

到承前启后、继往开来的作用，是序列中关键的一环。特别在长序列中，过渡阶段可以表现出若干不同层次和细微的变化，由于它紧接高潮阶段，因此对最终高潮出现前所具有的引导、启示、酝酿、期待，仍是该阶段考虑的主要因素。

（3）高潮阶段。这是全序列的中心，从某种意义上说，其他各个阶段都是为本阶段的出现服务的，因此序列中的高潮常是精华和目的所在，也是序列艺术的最高体现，充分考虑期待后的心理满足和激发情绪达到顶峰，是高潮阶段的设计核心。

（4）终结阶段。由高潮回复到平静，恢复到正常状态是终结阶段的主要任务，它虽然没有高潮阶段那么显要，但也是必不可少的组成部分，良好的结束又似余音缭绕，有利于对高潮的追思和联想，耐人寻味。

2. 序列在不同类型室内空间中的应用

空间序列布局应该根据不同使用性质的室内空间进行不同的设置，不同的空间序列艺术手法有不同的序列设计章法。因此，在现实丰富多样的活动内容中，室内空间序列设计绝不会是完全像上述序列那样一个模式，突破常例有时反而能获得意想不到的效果，这几乎也是一切艺术创作的一般规律。因此，在我们熟悉、掌握空间序列设计的普遍性的同时，在进行创作时，应充分注意不同情况下的特殊性。一般说来，影响空间序列的关键在于：

（1）确定序列长短。序列的长短即反映高潮出现的快慢。由于高潮一出现，就意味着序列全过程即将结束，因此一般说来，对高潮的出现绝不轻易处置，高潮出现愈晚，层次愈要增多，通过时空效应对人心理的影响必然更加深刻。因此，长序列的设计往往运用于需要强调高潮的重要性、宏伟性与高贵性的情形。

对于某些建筑类型来说，采取拉长时间的长序列手法并不合适。例如，以讲效率、速度、节约时间为前提的各种交通客站，它的室内布置应该一目了然，层次愈少愈好，通过的时间愈短愈好，不使旅客因找不到办理手续的地点和迂回曲折的出入口而造成心理紧张。

对于有充裕时间进行观赏游览的建筑空间，为迎合游客尽兴而归的心理愿望，将建筑空间序列适当拉长也是恰当的。

（2）确定序列布局类型。采取何种序列布局，决定于建筑的性质、规模、地形环境等因素，一般可分为对称式和不对称式，规则式或自由式，空间序列线路一般可分为直线式、曲线式、循环式、迂回式、盘旋式、立交式等。我国传统宫廷寺庙以规则式和曲线式居多，而园林别墅以自由式和迂回曲折式居多，这对建筑性质的表达有很大作用。现代许多规模宏大的集合式空间，丰富的空间层次，以循环往复式和立交式的序列线路居多，这和方便功能联系、创造丰富的室内空间艺术景观效果有很大的关系。例如，F·L·赖特的古根哈姆博物馆，以盘旋式的空间线路产生独特的内外空间而闻名于世（图 2-14、图 2-15）。

（3）确定序列高潮。无论何种建筑，总可以找出具有代表性的、反映该建筑性质特征的主体空间，常常把它作为选择高潮的对象，成为整个建筑的中心和参观来访者所向

图 2-14　盘旋的古根哈姆博物馆外观

往的最后目的地。根据建筑的性
质和规模不同，考虑高潮出现的
次数和位置也不一样，多功能、
综合性、规模较大的建筑具有形
成多中心、多高潮的可能性，即
便如此，也有主从之分，整个序
列似高潮起伏的波浪一样，从中
可以找出最高的波峰。根据正常
的空间序列，高潮的位置总是偏
后，故宫建筑群主体太和殿和毛

图 2-15　盘旋的古根哈姆博物馆内部

主席纪念堂的代表性空间瞻仰厅，均布置在全序列的中偏后，闻名世界的陵墓（长陵）也
布置在全序列的最后。

　　由波特曼首创共享空间的现代旅馆中庭风靡于世界，
各类建筑竞相效仿，显然极大地丰富了一般公共建筑中
对于高潮的处理，并使社交休息性空间提到了更高的阶
段，这样也就成为全建筑中最引人注目的焦点所在。例
如，广州白天鹅宾馆的中庭，以故乡水为题，山、泉、
桥、亭点缀其中，故里乡情，宾至如归，不但提供了良
好的游憩场所，而且也满足了一般旅客特别是侨胞的心
理需要（图2-16）。像旅馆那样以吸引和招揽旅客为目
的的公共建筑，高潮中庭在序列的布置中显然不宜过于
隐蔽，相反地希望以此显示建筑的规模、标准和舒适程
度，因此常布置于接近建筑入口和建筑的中心位置。这
种在短时间出现高潮的序列布置，因为序列短，没有或
很少有预示性的过渡阶段，使人由于缺乏思想准备，反
而会引起出奇不意的新奇感和惊叹感，这也是一般短序

图 2-16　广州白天鹅宾馆共享中庭

列章法的特点。由此可见，不论采取何种不同的序列章法，总是和建筑的目的性一致，也只
有建立在客观需要基础上的空间序列艺术，才能显示其强大的生命力。

　　3. 室内空间序列的设计手法

　　一个良好的室内空间序列设计，宛似一部完整的乐章或动人的诗篇。空间序列的不同阶
段和写文章一样，有起、承、转、合，和乐曲一样，有主题，有起伏，有高潮，有结束；也
和剧作一样，有主角和配角，有矛盾双方的对立面，也有中间人物。通过建筑空间的连续性
和整体性给人以强烈的印象、深刻的回忆和美的享受。

　　但是良好的序列章法还是要靠通过每个局部空间，包括装修、色彩、陈设、照明等一系
列艺术手段的创造来实现的，因此，研究与序列有关的空间构图就成为十分重要的问题，一
般应注意下列几方面：

　　（1）空间的导向性。指导人们行动方向的空间处理，称为空间的导向性。良好的交通
路线设计，不需要指路标和文字说明牌（如"此路不通"），而是用室内空间所特有的语言
传递信息，与人对话。如许多连续排列的物体，如列柱、连续的柜台，以至装饰灯具与绿化

组合等，容易引起人们的注意而不自觉地随着行动（图2-17）。有时也利用带有方向性的色彩、线条，结合地面和顶棚等的装饰处理，来暗示或强调人们行动的方向和提高人们的注意力。因此，室内空间的各种韵律构图和象征方向的形象性构图就成为空间导向性的主要手法，没有良好的引导，对空间序列是一种严重破坏。

（2）视觉中心。在一定范围内引起人们注意的景物称为视觉中心。空间的导向性有时也只能在有限的条件内设置，因此在整个序列设计过程

图2-17　空间的导向不一定要通过图形或者文字表达

中，有时还必须依靠在关键部位设置引起人们强烈注意的物体，以吸引人们的视线，勾起人们向往，控制空间距离。视觉中心的设置一般是以具有强烈装饰趣味的物件标志，因此，它既有被欣赏的价值，又在空间上起到一定的注视和引导作用，在容易迷失方向的关键部位设置有趣的动静雕塑，华丽的壁饰、绘画，形态独特的古玩，奇异多姿的盆景……这是常用做

视觉中心的好材料。有时也可利用建筑构件本身，如形态生动的楼梯，金碧辉煌的装修引起人们的注意，吸引人们的视线，必要时还可配合色彩照明加以强化，进一步突出其重点作用。因此，在进行室内装修和陈设布置时，除了美化室内环境外，还必须充分考虑作为视觉中心职能的需要，加以全面安排（图2-18）。

（3）空间构图的对比与统一。空间序列的全过程，就是一系列相互联系的空间过渡。对不同序列阶段，在空间处理上

图2-18　红色的印章在灯光下，强烈吸引着人们的视线

（空间的大小、形状、方向、明暗、色彩、装修、陈设……）各有不同，以造成不同的空间气氛，但又彼此联系，前后衔接，形成按照章法要求的统一体。空间的连续过渡，前一空间为后来空间作准备，按照总的序列格局安排来处理前后空间的关系。一般说来，在高潮阶段出现以前，一切空间过渡的形式也许应有所区别，但在本质上应基本一致，以强调共性，一般应以"统一"的手法为主。而作为紧接高潮前准备的过渡空间，往往就采取"对比"的手法，诸如先收后放，先抑后扬，欲明先暗等，不如此不足以强调和突出高潮阶段的到来。例如，宁波万达广场，因其入口正对马路，故用较大的门头作为进口的强烈标志（图2-19），正对过路的行人，在处理序列的起始阶段，就采用突出地引起过路人注意的设计手法，同时

由于门头较大，入口就显得较小，与内部高大宽敞的中庭空间形成鲜明的对比，使人见后发出惊异的赞叹，从而达到了作为高潮的目的（图2-20），这是一个运用"先抑后扬"的典型例子。由此可见，统一对比的建筑构图原则，同样可以运用到室内空间处理上来。苏联导演库里肖夫对电影蒙太奇曾下过这样的定义，即"通过各画面的关系，创造出画面本身并未含有的新意"，这对空间序列组织，室内装饰构成，具有十分重要的借鉴意义。

图2-19 万达广场的入口与普通商店的入口相当

图2-20 宽敞的内部空间

2.2 室内空间设计手法

室内空间要求随着社会生产力的发展和文化技术水平的提高而不断变化提高，而空间形态乃是室内空间的基础，它决定空间总的效果，对室内空间的环境气氛、格调起着关键性的作用。室内空间的各种各样的不同处理手法和不同的目的要求，最终将凝结在各种形式的空间形态之中。室内装饰设计经过了30年左右的高速发展，经过实践，对室内空间形式的创造积累了丰富的经验，但由于建筑室内空间的无限丰富性和多样性，特别是对于在不同方向、不同位置空间上的相互渗透和融合，有时确实很难找出恰当的临界范围而明确地划分这一部分空间和那一部分空间，这就给室内空间形态分析带来一定的困难。然而，当人们抓住了空间形态的典型特征及其处理方法的规律，也就可以从浩如烟海、眼花缭乱、千姿百态的空间中，理出一些头绪来。

2.2.1 常见的基本空间形态

1. 下沉式空间（也称地坑）

室内地面局部下沉，在统一的室内的空间中就产生了一个界限明确、富有变化的独立空间。由于下沉地面的标高比周围低，因此有一种隐蔽感、保护感和宁静感，使其成为具有一定私密性的小天地。人们在其中休息、交谈也倍觉亲切，在其中工作、学习，较少受到干扰。同时，随着视点的降低，空间感觉增大，对室内外景观也会引起不同的变化，并能适用于多种性质的房间。现在多使用于一层商铺，因为商铺层高一般处于尴尬高度5.2m，此高度作为一层使用太高，浪费空间；作为两层去掉上面的梁高和隐蔽工程，净高才4.2m多，太低，所以一般可以向下延伸（要注意地面结构）。也有的住宅在建筑设计的时候就有错层的设计，为下沉式空间设计创造了物质基础，根据具体条件和不同要求，可以有不同的下降高度，少则一、二阶，多则四、五阶不等，对高差交界的处理方式也有许多方法，或布置矮墙绿化，或布置沙发座位，或布置平柜、书架以及其他储藏用具和装饰物，可由设计师任意创作（图2-21）。高差较大者应设围栏，但一般来说高差不宜过大，尤其不宜超过一层高度，否则就会如楼上、楼下和进入底层地下室的感觉，失去了下沉空间的意义。

图2-21　下沉式客厅显得安静、自成一体

2. 地台式空间

与下沉式空间相反，如将室内地面局部升高，也能在室内产生一个边界十分明确的空间，但其功能、作用几乎和下沉式空间相反，由于地面升高形成一个台座，在和周围空间相比变得十分醒目突出，因此它们的用途适宜于惹人注目的展示和陈列或眺望。许多商店常利用地台式空间将最新产品布置在那里，使人们一进店堂就可一目了然，很好地发挥了商品的宣传作用。现代住宅的卧室或起居室虽然面积不大，但也利用地面局部升高的地台布置床位或座位，有时还利用升高的踏步直接当作坐席使用，使室内家具和地面结合起来，产生更为简洁而富有变化的新颖的室内空间形态（图2-22）。公共建筑，如茶室、咖啡厅常利用升起阶梯形地台方式，以使顾客更好地看清室外景观。

3. 凹室与外凸空间

凹室是在室内局部退进的一种室内空间形态，特别在住宅建筑中运用比较普遍。由于凹室通常只有一面开敞，因此在大空间中自然比较少受干扰，形成安静的一角，有时常把天棚降低，造成具有清静、安全、亲密感的特点，是空间中私密性较高的一种空间形态。根据凹

图2-22　卧室的飘窗常设计为地台，用作休闲小憩

进的深浅和面积大小的不同，可以作为多种用途的布置，在住宅中多数利用它布置床位，这是最理想的私密性位置。有时甚至在家具组合时，也特别空出能布置座位的凹角。在公共建筑中常用凹室，避免人流穿越干扰，获得良好的休息空间。许多餐厅、茶室、咖啡厅也常利用凹室布置雅座。对于长内廊式的建筑，如宿舍、门诊、旅馆客房、办公楼等，能适当间隔布置一些凹室作为休息等候场所，可以避免空间的单调感（图2-23）。

凹凸是一个相对概念，如凸式空间就是一种对内部空间而言是凹室，对外部空间而言是向外凸出的空间。如果周围不开窗，从内部而言仍然保持了凹室的一切特点，但这种不开窗的外凸式空间，在设计上一般没有多大意义。除非外形需要，或仅能作为外凸式楼梯、电梯等使用，大部分的外凸式空间三面临空，将建筑伸向自然、水面，这样可以饱览风光，使室

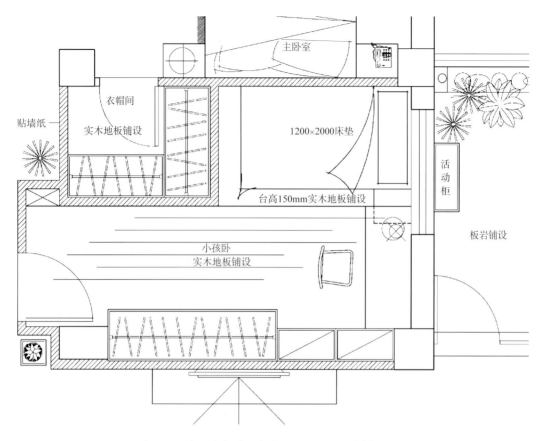

图 2-23　为了让主卧室有个衣帽间，小孩房做成凹室

内外空间融合在一起，或者为了改变朝向方位，采取的锯齿形的外凸空间，这是外凸式空间的主要优点。住宅建筑中的挑阳台、日光室都属于这一类。外凸式空间在西洋古典建筑中运用得比较普遍，因其有一定特点，至今在许多公共建筑和住宅建筑中仍常采用（图 2-24）。

4. 回廊与挑台

回廊与挑台也是室内空间中独具一格的空间形态。回廊常用于门厅和休息厅，以增强其入口宏伟、壮观的第一印象和丰富垂直方向的空间层次。结合回廊，有时还常利用扩大楼梯休息平台和不同标高的挑平台，布置一定数量的桌椅作休息交谈的独立空间，构成高低错落、生动别致的室内空间环境。由于挑

图 2-24　外凸式空间一般作为休闲类

台居高临下，提供了丰富的俯视视角环境，现代旅馆建筑中的中庭，许多是多层回廊挑台的集合体，运用了多种多样处理手法，呈现出不同效果，借以吸引广大游客（图2-25、图2-26）。

图2-25　回廊　　　　　　　　　　　　　　　　　　　　图2-26　挑台

5. 交错、穿插空间

城市中的立体交通，车水马龙川流不息，显示出一个城市的活力，也是繁华城市壮观的景象之一。现代室内空间设计亦早已不满足于习惯的封闭六面体和静止的空间形态，在创作中也常把室外的城市立交模式引进室内，不但适用于人流密集的公共建筑，如展览馆、俱乐部等建筑的分散和组织人流，而在某些规模较大的住宅也有使用。在这样的空间中，人们交错穿流，俯仰相望，静中有动，不但丰富了室内景观，也给室内环境增添了生气和活跃气氛。联想到赖特的著名建筑落水别墅，其所以特别被人推崇，除了其他因素之外，该建筑的主体部分成功地塑造出的交错式空间构图起到了极其关键性的作用。交错、穿插空间形成的水平、垂直方向空间流通，具有扩大空间的效果（图2-27）。

图2-27　交错的空间

6. 子母空间

人们在大空间一起工作、交谈或进行其他活动，有时会感到彼此干扰，缺乏私密性，空旷而不够亲切；而在封闭的小房间虽然避免了上述缺点，但又会产生工作上不便和空间沉闷、闭塞的感觉。采用大空间内围隔出小空间，这种封闭与开敞相结合的办法可使二者得兼，许多写字楼都是这样进行设计的，既互相独立又方便交流（图2-28）。现在有许多公共场所，厅虽大，但使用率很低，因为常常在这样的大厅中找不到一个适合于少数几个人交谈、休息的地方。当然也不是说所有的公共大厅都应分隔成小空间，这样如果处理不当，有时也会失去公共大厅的性质或被分隔得支离破碎，所以按具体情况灵活运用，这是任何母子空间成败的关键。

7. 共享空间

波特曼首创的共享空间，在各国享有盛誉，它以其罕见的规模和内容，丰富多姿的环境，独出心裁的手法，将多层内院打扮得光怪陆离、五彩缤纷。从空间处理上讲，共享大厅可以说是一个具有运用多种空间处理手法的综合体系（图2-29）。现在也有许多像四季厅、中庭等一类的共享大厅，在各类建筑中竞相效仿，相继诞生。但某些大厅却缺乏应有的活力，很大程度上是由于空间处理上不够生动，没有恰当地融汇各种空间形态。变则动，不变则静，单一的空间类型往往是静止的感觉，多样变化的空间形态就会形成动感，波特曼式的共享大厅其特点之一就在于此。

图2-28　写字楼办公空间　　　　　　　　　图2-29　共享的中庭

8. 虚拟和虚幻空间

通常卫生间洗脸台盆前是各种造型的镜子，但是换成整面茶镜，无形扩大了狭小的空间，又起到镜子的作用，何乐而不为（图2-30）。

2.2.2　室内空间设计手法

通过上面的分析我们基本了解了内部空间的多种多样的形态，它们都具有不同的性质和用途，是受到决定空间形态的各方面因素的制约，决非任何主观臆想的产物。因此，要善于利用一切现实的客观因素，并在此基础上结合新的构思，特别要注意化不利因素为有利因素，才是室内空间创造的唯一源泉和正确途径。

1. 结合功能需要提出新的设想

许多真正成功的优秀作品，几乎毫无例外地紧紧围绕着"用"字下功夫，以新的形式来满足新的用途，就要有新的构思。比如某家居空间，本来客厅和厨房、卫生间、书房是一墙之隔，对于客厅来说和它们之间的隔墙上应该有两个或者三个门，那么立面就不好看，而且业主还希望客厅有个展示柜，那么我们把展示柜放入和

图2-30　茶镜给人不一样的感受

厨房的隔墙里面，而厨房和卫生间的门是钛合金移门，厨房或者卫生间打开，就是展示柜关闭，展示柜打开就是厨房卫生间关闭，一举两得（图 2-31、图 2-32）。

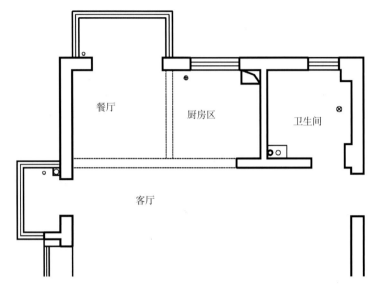

图 2-31　原始结构图

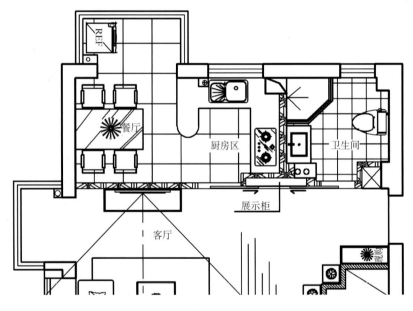

图 2-32　设计后的平面图

2. 结合自然条件，因地制宜

地域性设计在现今还是一个口号，真正好的作品不多，我们要根据各地气候、地形、环境、材料等的差别进行设计，比如北方除了正常设计外，还要考虑暖气设备的设计安装，而南方要注重通风和制冷。

3. 结构形式的创新

室内设计主要是对建筑内部已有空间的再调整和创新，因此对结构的创新可行性相对比较弱，一般也不主张对结构性的建筑元素进行改革创新。

4. 室内空间布局与结构系统的统一与变化

建筑内部空间布局由于是在限定的结构范围内进行的，所以在一定程度上受到制约，当然也有极大的自由，换句话说，即使建筑结构没有创新，但在建筑内部空间布局依然可以有所创新，有所变化。

建筑空间一般是由有规律的柱网框架围合而成，为了使结构体系简单、明确、合理，一般说来，柱网系列是十分规则和简单的，如果完全死板地跟着柱网的进深、开间来划分房间，即结构体系和建筑布局完全相对应。那么，所有房间的内部空间就将成为不同网格倍数的大大小小的单调的空间，这样的工作也不需要我们室内设计师来做，建筑已经做好划分了。但如果不完全按柱网轴线来划分房间，则可以造成很多内部空间的变化。一般有下列方法：

（1）柱网和空间划分平行而不对应。虽然空间的划分与纵横方向的柱网平行，但不一定恰好在柱网轴线位置上，这样在建筑内部空间上会形成许多既不受柱网开间进深变化的影响，又可以产生许多生动的趣味空间。例如，有的房间内露出一排柱子；有的房间内只有一根或几根柱子；有的房间是对称的，有的则为不对称的；等等。而且柱子在房间内的位置也可按偏离柱网的距离不同而不同，运用这样方法的例子很多（图2-33）。

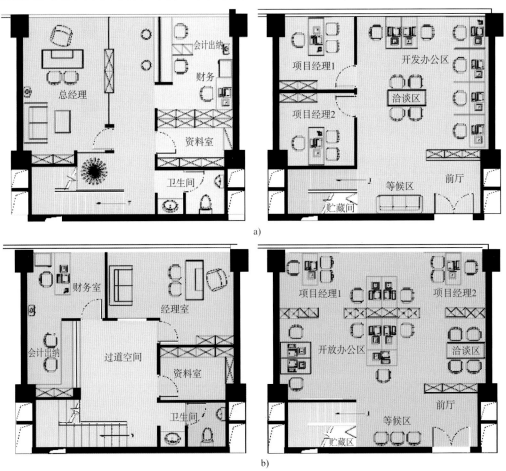

图2-33　相同柱网间不同的平面布置，生动而变化多端

a）5.4m层高办公空间方案一　b）5.4m层高办公空间方案二

（2）柱网和空间分划成一定角度布置。采用这样的方法非常普遍，它所形成的内部空间和前一方法的不同点在于能形成许许多多非直角的内部空间，这样除了具有上述的变化外，还打破了千篇一律的矩形平面空间。采用此法中，一般以与柱网成45°者居多，相对方向的45°交角又形成了直角，这样在变化中又避免了更多的锐角房间出现。从这种45°承重的或非承重的墙体布置，最近已发展到家具也采取45°的布置方法（图2-34）。

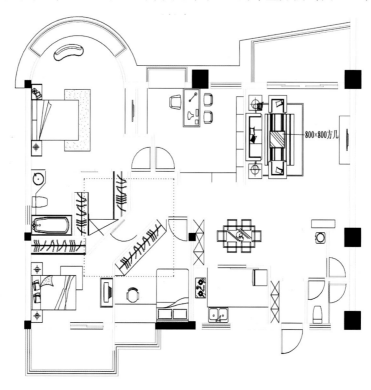

图 2-34　图中红色框里就采用了旋转45°方式满足设计要求

建筑空间本身是一个完整的整体，室内空间只是其使用功能表现形式的一个方面，它和建筑的结构是统一的、不能分割的。过去长时期里，建筑设计很少从室内空间的使用要求来考虑，而是先设计建筑，然后室内空间是在已有的建筑里委曲求全地进行设计，现在虽然有了很大的改观，但是在一些中等的建筑设计院中并没有真正的室内设计师，建筑师对空间的理解不够。这样也给我们一个机会，让我们在建筑设计师的空间继续发挥想象力，把空间设计组织得更好。

本 章 小 结

本章阐述了在室内空间设计的空间设计与组织方式，从空间的概念、特性、类型、功能、组合、分隔、过渡和空间的发展序列等方面对空间进行了描述，同时通过对基本形态空间和设计手法进行了讲解，通过图片方式具体而又生动，做到学以致用，理论与实践相结合。

思考题与习题

1. 简述室内空间的发展序列过程。

2. 收集 3 张室内装修图片，说明空间的基本形态在日常设计中的应用。

3. 收集 3 张室内装修图片，说明空间的设计手法在设计中的应用。

4. 对餐饮、娱乐等空间进行调查，利用图片和图表的方式表现出它们的空间序列，做成 A3 大小版面。

第3章　室内空间的界面设计

学习目标：

1. 室内空间界面的概念和功能。学习中应以工程实际案例来分析界面设计原理，把理论应用于实践中。
2. 理解空间界面的设计要求以及装修设计应遵循的原则。
3. 掌握三大构成在界面设计中的应用，对比工程图片，领会三大构成分别在室内空间上的设计应用以及三大构成的设计表现。
4. 了解不同界面的设计原则与设计手法。

学习重点：

1. 界面的设计要求。
2. 三大构成在界面设计中的应用。
3. 不同类型界面的设计。

学习建议：

1. 充分理解概念。
2. 对照实际工程案例或图片来掌握设计理念。

3.1　界面的定义与功能

室内界面处理，是指对室内空间的各个围合面——地面、墙面、隔断、平顶及底界面、侧界面、顶界面的使用功能和特点的分析，界面的形状、材质、肌理构成的设计，以及界面和风、水、电等管线设施的协调配合等方面的设计。

图 3-1 为某客厅主背景墙面的界面设计，图 3-2 为客厅的界面形状和图案构成处理，图 3-3 为客厅共享空间各个界面设计，图 3-4 为某办公空间各个界面设计。

上面的做法是通过附加材料来达到装饰目的的，我们称之为"加法"设计，当然界面处理不一定要做"加法"。从建筑物的使用性质、功能、特点方面考虑，一些建筑物的结构构件（如网架屋盖、混凝土柱身、清水砖墙等），也可以不加装饰，作为界面处理的手法之一，这正是单纯的装饰和室内设计在设计思路上的不同之处（图 3-5、图 3-6）。

图 3-1　客厅主立面界面设计

图 3-2　客厅各界面设计

图 3-3　客厅共享空间界面设计

图 3-4　某办公空间界面设计

图 3-5　办公空间顶界面处理（一）

图 3-6　办公空间顶界面处理（二）

3.2　界面的设计要求

　　界面和部件的装修设计可以概括为两大部分，即造型设计和构造设计。造型设计涉及形状、尺度、色彩、图案与质地等，基本要求是切合空间的功能与性质，符合并体现环境设计的总体意图。构造设计涉及材料、连接方式和施工工艺等，基本要求是安全、坚固、经济、合理，符合技术经济方面的原则和指标。整个室内空间是一个完整的有机体，要充分考虑它们个体特征与室内整体面貌的内在关联性，注重装饰形式的变化与统一，烘托出实体环境的设计形态，使室内空间充满生机和和谐的氛围。

3.2.1 室内空间界面的要求

1. 室内空间各界面的要求
（1）耐久性。
（2）防火性能。尽量用不易燃烧的材料。
（3）无毒。
（4）易于制作安装和施工。
（5）必须要具备隔热、保温、隔声、吸声等性能。
（6）相应的经济要求（代价和效用之间寻求一个均衡点）。
2. 室内空间各界面的功能特点
（1）地面　要耐磨、耐腐蚀、防水、防潮、防滑、易清洗等功能特点。
（2）墙面　较高的隔声、吸声、保暖、隔热要求等功能特点。
（3）顶面　轻质、光反射率高，较高的隔声、吸声、保暖等功能特点。

3.2.2 装修设计要遵循的原则

（1）安全可靠，坚固适用。
（2）造型美观，具有特色。
（3）选材合理，造价适宜。
（4）优化方案，方便施工。

3.3　三大构成在界面上的应用

"构成"是研究造型艺术设计的基础，是一种科学的认识和创造的方法，在设计和艺术领域含有组织、结构、建造、构图、形体等含义，具体包括平面构成、色彩构成、立体构成。

3.3.1　平面构成在室内设计中的应用

平面构成是研究在二元的空间内按照形式美的法则进行分解、组合，来构成理想的形态，是最基本的造型活动之一。

1. 构成形式在室内界面设计中的应用
构成形式包括：重复、渐变、近似、特异、发射、对比等，那么它是如何在室内设计中进行有效的应用的呢？下面作具体探讨。

（1）重复。指同样的造型重复出现的构成方式。在室内设计中重复构成的应用十分广泛，重复构成能产生统一协调的观感，也易产生单调乏味的效果，因此在排列时要注意它们之间的方向和空间变化。

（2）发射。形状围绕一个或几个共同的中心排列，在自然生活中像太阳的光芒、绽放的花朵等都呈发射状。发射具有强烈的焦点和光芒感，富有节奏和韵律。在室内设计中发射的构成原理常应用到灯具的设计上。

（3）对比。是相互比较，求差异，使互异的地方强调、突出。在室内设计中，家具的选择与安置，就要运用到对比的构成原理，追求统一协调，首先考虑室内整个环境的对比关系是否合理，如室内环境的对比关系充足，在家具的选择与安置上可以从统一协调的方面来考虑，即在不突出家具本身的造型、色彩的同时使家具成为统一协调环境的因素之一。

2. 室内平面构成中点、线、面的要素研究

（1）点。从造型设计的角度来分析，点是一切形态的基础，点必须是可见的，有形象存在的（图3-7）；点必须有空间位置和视觉单位；点没有上下左右的连接性与方向性。图3-8所示的室内顶棚上的每一个灯源均形成了点的形象。

图3-7　点以圆形和球形方式出现　　　　图3-8　大小不一的球形灯形成错落有致的韵律感

点的数量、大小、位置和布置具有多种形式，可以产生多种变化和错觉，在室内设计中可以得到具体的运用。在室内环境中可以利用点的各种构成方式，作为装饰的一种要素加以运用，如壁纸中细小的图案具有点的构成特征，明度高的地面可以加上一些小的深色的三角形来调整。室内环境中小的装饰品、电器开关、射灯和筒灯都可以作为点的构成来处理，通过点的排列可组成线和面的形象，以丰富室内各种视觉要求（图3-9、图3-10）。

图3-9　点的构成　　　　　　　　　图3-10　点的构成在室内顶界面中应用

（2）线

1）线的性质和类型。线具有较强的感情性格，直线表示静，曲线表示动，曲折线有不安定的感觉，线还具有一定的长度。线条具有方向的特性和力感。一根倾斜的线，给人以倒下、不稳定的感觉，而一对斜线相交则产生像金字塔那样稳定而有力的感觉。

2）线的种类。主要有直线、几何曲线和自由曲线（图3-11）。

3）线的运用。线在室内设计中无处不在，任何体面的边缘和交界，任何物体的轮廓和由线组成的各种设计元素，都包含着线的曲直、数量、位置和多种线的构成形式，如图3-12中的旋转楼梯就形成了优美的曲线构成。从平面构成的角度研究室内环境中各种线的构成，可以对线在室内空间中和各界面的构成方式寻找一种新的途径。

图3-11　线的构成　　　　　　图3-12　线的构成在设计中的应用

曲线用得过多，显得繁杂和动荡，而当曲线与其他线型有机地结合时则赏心悦目。

家具、织物的线型对室内氛围有很大的影响和调整作用。

线脚、门套、踢脚线等装饰本身的线型，对空间有限定作用。

室内线的构成形式具有多种设计的可能性，达到室内环境整体氛围的和谐统一。

（3）面。面具有长、宽两度空间，它在造型中所形成的各式各样的形态是设计中重要的因素。点和面是相对比较而言的，墙面上的点如通风孔、门窗、壁挂、书画，从整体看可看做点，但从局部看可以看做面。

面的种类及其性格：

1）直线形。呈现为安定的秩序感，在心理上具有简洁安定、井然有序的感觉。如正方形、矩形，墙面上矩形的画柜等，如图3-13所示。

2）曲线形。呈现有变化的几何曲线形，比直线形柔软，有梳理性、秩序感，较圆形更富有美感，在心理上能产生一种自由流畅的感觉，如图3-14所示。

3）自由曲线形。不具有几何秩序的曲线形，很有个性特点，在心理上可产生幽雅、魅力、柔软和富有人情味的亲切感觉。

3. 点、线、面的构成和法则

在室内设计方面，形式美贯穿于整个设计过程之中，离开了形式美，就会失去应有的设计魅力，不能吸引人，因而形式美具有特殊重要的地位。

图 3-13　井然有序的立面设计

图 3-14　面在群化中形成的进深感

（1）对称和平衡。对称给人的感觉是有秩序、庄严肃穆和安静平和的美感，传统的建筑形式大多是对称的，例如宫殿、庙宇的设计以及室内的藻井图案等。但对称也有不足之处，它存在着过于完美，缺少变化的弊端，具有呆板、静止和单调的感觉，所以要在总体对称的形式下，求得局部的变化以补充对称的不足。而不对称的平衡就是一个很好的解决办法。在室内设计中存在着多种对称和平衡的关系，例如平面的布局、立面的外观等。

（2）节奏和韵律。建筑及室内设计十分广泛地运用节奏和韵律形式，所谓"建筑是凝固的音乐"的说法其意义就在于此。

重复：重复就是相同或近似的形象反复排列，其特征就是形象的连续性。连续性是一种自然现象，也是室内设计中常用的一种设计手段，特别是在地面的铺设、墙面的造型和天花板的藻井运用十分广泛，表现出一种整齐的美。在室内设计中，为了强调室内的大堂、门厅等聚集度较高的厅室，在天花或地面处理上可选择发射构成的方式，使视觉向厅室的中心集中。

（3）对比与变化。室内设计存在着多种的对比关系，如空间的大小、高低之间的对比与变化，空间与家具之间的对比与变化，水平线与竖直线或斜线的对比，直线与曲线的对比等，通过对比可以衬托出彼此间的个性特点，使室内设计更加充满活力，如果没有对比，其设计必然呆板、枯燥无味，通过适当的变化使设计内容趋于多样性。

（4）调和与统一。调和与统一就是设计中的各个组成部分的关系，必须有共同的因素存在，能够和谐一致，产生美感。在室内设计中形象特征的调和统一，明暗和色彩的调和统一、材质肌理的调和统一和带有方向性的形象的调和统一，要按照调和与对比、统一与变化的构成规律，在限定的空间中进行整体构成设计。

（5）变异与破规。破规与变异构成方式对室内设计的创新具有重要的指导意义，下面从几个方面分析和探索在室内设计中如何就传统风格在运用中加以创新。

1）点缀。点缀就是将新的建筑室内的局部效仿传统建筑构件的形象，并如实地表现出来，加以点缀、渲染室内气氛，使传统与现代之间产生某种联系。

2）切出。所谓切出是从多系统中切取不同物件和片断进行重构。如在欧式餐厅的室内设计中，把华贵的巴洛克风格壁饰与典雅的新古典式家具同置一室，组合构成；另一方面也包括两大风格系统之间进行重构，所说的"中西合璧"就是其代表性的构成形式。

3）更新。随着现代科技的发展，建筑及装饰材料及人们的审美意识也在不断地发生变化，现代科技不断地被用于室内装饰艺术的创造中，新的装饰材料被广泛地应用，并对传统的形式物件加以更新，创造出大量具有传统风格特征，同时富有时代感的艺术佳作。

4）遗留。遗留是指把古建筑的局部保留下来，作为新的室内环境的一部分加以重新组合，这种方法是将现代环境的优势与局部遗留的古典装饰进行对比，使历史得以延续，新与旧的室内空间与周围环境在对比中取得协调。

5）置换。置换是把用在别处的物件，经过巧妙构思，用在某装饰部位上，创造出意想不到的强烈反差效果。例如在广州花园大酒店中，设计者把古代承重用的斗拱改派到天花板上，用来悬挂灯光槽板。这个古老的有代表性的传统建筑物件在这座现代化的高级宾馆中格外引人注目，使旧的形式增加了新意，而产生了别致的装饰效果。

6）裂变。裂变借鉴了现代装饰主义的理论，它背弃了完整的法则，主张造型手法采用历史样式的曲解、分裂和变形，用破损的城墙、断裂的柱式创造"伤痕感"，耐人寻味，富于幽默。

7）夸张。就是对传统的构件在尺度形状方面进行夸张变形（缩小或放大），将其置于室内环境所要求的部位，使该部分成为新的构图中心。例如广州白天鹅宾馆中"故乡水"瀑布之上，设置了一个按比例缩小的民族风格的金瓦亭，构成了中庭的主要景观。

8）叠合。叠合是将不同的传统构件并合为一，从而获得新的装饰形象的一种设计手法。

图3-15～图3-18示出点、线、面的构成及它们在室内设计和建筑设计中的应用。

4. 室内空间平面构成设计的原则

（1）风格的统一性。尽管室内空间各界面分工不同，功能特征也各有差异，但其整体风格必须保持一致，这是室内空间界面装饰设计中的一个最基本原则。不同的风格不加协调地装饰同一界面往往易冲突，不伦不类。

图3-15　点、线、面的构成

图3-16　点、线、面在室内设计中的应用（一）

图 3-17　点、线、面在室内设计中的应用（二）　　　图 3-18　点、线、面在建筑设计中的应用

（2）气氛的一致性。不同使用功能的空间具有不同的格调和环境气氛要求，设计时应首先了解室内构成。例如，居室要求富有生活情趣，要有温馨、宁静的室内环境；而会议室则要求严肃庄重、风格简约，从而使会议进程比较顺利，效率较高。因此，不同的使用功能对装饰处理的要求也不相同。

（3）背景的陪衬性。室内空间界面在处理上切忌过分突出。室内空间界面作为室内环境的背景，主要起烘托作用，因此要避免过分突出处理，应坚持以淡雅、简约、明朗为主，但对需要特殊气氛的空间（如酒吧、茶室）则可作重点处理以加强效果。

3.3.2　立体构成在室内设计中的应用

1. 立体构成在空间中的应用

（1）空间形象的分割应用。现在的室内空间设计已经不满足于封闭、规则的六面体和简单的层次化划分，在水平方向上往往采用垂直面交错配置，形成空间在水平方向上的穿插交错；在垂直方向上则打破上下对位，创造上下交错覆盖、相互穿插的立体空间（图3-19）。而有些设计师会营造一种对结构外露部分的观赏氛围，让观赏者领悟结构构思所形成的空间美和环境美，而这些结构往往表现出一种充满力度和动势的几何形体美，使之成为建筑空间中具有吸引视线绝对优势的因素（图3-20）。

图 3-19　相互穿插的立体空间　　　　　　　图 3-20　吊顶中充满力度和动势的几何形体

（2）内界面装修的应用。对空间的几个界面即墙面、地面、天花板等进行处理。

（3）室内陈设的构成运用。主要是对室内家具、设备、陈设艺术品、装饰织物、照明灯具进行设计处理。在形态方面，比如原来是简洁的平面天花板，与立面造型丰富的地面已形成强烈的对比，如果家具的造型选用同时具有与平面、立面和天花板相似的形态元素，并让其造型的复杂程度处于中间协调全环境，造型也能起到很好的作用。如果追求对比关系时，当环境的装饰较为简洁和单调时，采用立体构成的几种方法可使环境有较大的改观。

2. 立体构成在室内设计中的应用原则

（1）对比与统一。对比与统一是相辅相成的，是辩证的统一，对比是立体构成的重要原则，室内立体构成从许多方面体现出对比与统一的关系（图3-21、图3-22）。

图3-21　形体的对比与统一

图3-22　实体与空间的对比与统一

（2）对称与平衡。在室内立体形态设计中，对称形式是非常重要的构成和组织形式，它能充分体现相对稳定、庄重的室内氛围和艺术效果（图3-23）。在一些较庄重和严肃的场合，设计就多采用对称的形式，例如，法庭的室内设计或者是大会议厅的室内设计等。平衡不仅从外部吸引人的视线，而且具有内部秩序的导向性（图3-24）。

图3-23　对称的形式

图3-24　平衡具有内部空间的导向性

（3）比例与尺度。形体的比例可以从视觉上直接认识和感知，在人们生活和工作的室内环境中，人的身高与空间高度有一定比例，门的高度与宽度也有比例。比例只有符合人的审美要求，才能创造出令人愉悦的空间氛围。形体尺度的把握和选择往往与人对尺度的印象有关，尺度印象分三种类型，即自然尺度、超人尺度、亲切尺度。图3-25所示的人民大会堂的超人尺度设计能很好地体现出国家的威严。

（4）节奏与韵律。在空间环境中，节奏和韵律既存在于外部空间，又存在于内部空间。当人们将目光投向室内空间时，发现室内空间立体形态的节奏和韵律更加重要和突出。一般来说，节奏和韵律在室内立体形态设计中，是使形态产生律动美、使造型具有生命力的重要手段。

在室内设计实践中，节奏和韵律有一种神奇的力量，是因为它可以引导人们的视线，具有强烈的视觉吸引力。如果从一个点可以看到两个视野，其中只有一个有韵律而另一个没有，那么观看者的目光会自然地转向前者。同时，尽管节奏和韵律在不同时期有不同的表现形式，但立体形态和线条的韵律在室内造型设计中仍然是产生紧凑感和趣味的重要手段，具有重要的价值和意义。它对设计的形态形成一个系统的有机体无疑是一种重要的手法，在满足结构和功能需要的基础上成为构成美感的重要形式。如图 3-26、图 3-27 所示。

图 3-25　人民大会堂的超大尺度设计

图 3-26　节奏是有规律的重复

图 3-27　交错的节奏和韵律

3. 色彩构成在室内设计中的应用

色彩构成是从人对色彩的知觉和心理效果出发，按一定的色彩规律去组合、搭配，构成新的理想的色彩关系。在室内设计中，色彩搭配的好坏直接影响到整个室内设计的风格，理想的居室色彩能给人舒适、安逸感，从心理上让人放松、心情舒畅。

（1）室内色彩的感觉。在许多室内空间造型因素中，色彩同光一样是一个强烈而又迅速被人所感知的因素，具有明显的温度感、重量感、距离感和性格感。

1）温度感。不同色彩产生的温度感不一样——红、橙的组合色属于暖色，能使人联想到火、太阳；而兰、白、绿色等色彩则属于冷色，能使人联想到天空、水、冰和森林。因此，房间里如果选用冷色系列布置，会比用暖色系列装饰显得冷一些。

2）重量感。不同色彩产生的重量感不一样——深颜色的家具会比浅色家具显得沉重；深色的吊顶会令房间显得低矮，使人产生压抑感。因此，在房间的上部分多选用明亮的色调就是这个道理。

3）距离感。不同色彩产生的距离感不一样——红、橙、赭色被称为"前进色"的颜色，房间里若涂上这些颜色就会显得比实际空间小得多，而蓝绿、浅蓝、紫丁香色则被称为"后退"的颜色，房间里若涂上这些颜色会令人感到舒展，空旷。

4）尺度感。不同色彩产生的尺度感也不同——暖色和明度高的色彩具有扩散作用，因此物体显得大；而冷色和暗色则具有内聚作用，因此物体显得小。不同的明度和冷暖有时也通过对比作用显示出来，室内不同家具、物体的大小和整个室内空间的色彩处理有密切的关系，可以利用色彩来改变物体的尺度，体积和空间感，使室内各部分之间关系更为协调。

5）色彩与个性。不同色彩为不同性格的人所青睐——人们对色彩的偏爱，带有明显的性格特征，如热情，奔放，乐于社交的人往往喜爱暖色系列；而性格内向的人则偏爱冷色系列。人们对不同的色彩表现出不同的好恶，这种心理反应，常常是由于人们的生活经验、利害关系以及由色彩引起的联想造成的，此外也和人的年龄、性格、素养、民族习惯有关，从某种意义上说，色彩是人性格的折射。

6）色彩与情绪。色彩还能引起人们情绪的波动，对于色彩与人的情感世界的密切关系，可作如下归纳：红——热情，爱情，活力，积极。橙——爽朗，精神，无忧，高兴。黄——快乐，开阔，光明，智慧。绿——冷静，诚实，广泛，和谐。青——深远，忠实，理想，沉着。紫——神秘，高尚，优雅，浪漫。白——清洁，纯洁，公正，正派。灰——沉着，悲哀，不安，忧愁。黑——严肃，不安，阴沉，死亡。

此外，色彩还有味觉，有些色彩是"可食色"，如橙色，咖啡色等，在厨房餐厅设计时，如加以应用会起到很好的效果。

（2）材质、色彩与照明。室内一切物体除了形、色以外，材料的质地，即它的肌理（或称纹理），与线、形、色一样传递信息。

1）粗糙和光滑。同样是粗糙面，不同材料有不同质感，如粗糙的石材壁炉和长毛地毯，质感完全不一样，一硬一软，一重一轻，后者比前者有更好的触感。光滑的金属镜面和光滑的丝绸，在质感上也有很大的区别，前者坚硬，后者柔软。

2）软与硬。许多纤维织物，都有柔软的触感。如纯羊毛织物，无论织成光滑或粗糙质地，摸上去都有令人愉快的感觉。硬材多数有很好的光洁度，光泽。晶莹明亮的硬材，使室内很有生气，但从触感上说，人们一般喜欢光滑柔软，而不喜欢坚硬冰冷。

3）冷与暖。质感的冷暖表现在身体的触觉，座面、扶手、躺卧之处都要求柔软和温暖，金属、玻璃、大理石都是很高级的室内材料，如果用多了可能产生冷漠的效果。相同质感的材料在视觉上由于色彩的不同，冷暖感也不一样，选用材料时应两方面同时考虑。木材在表现冷、暖、软、硬上有独特的优点，比织物要冷，比金属、玻璃要暖，比织物要硬，比石材又较软，可用于许多地方，从这点上看，可称室内材料之王。

4）光泽与透明度。许多经过加工的材料具有很好的光泽，通过镜面般光滑表面的反射，使室内空间感扩大，同时映出光怪陆离的色彩，是活跃室内气氛的好材料。光泽表面易于清洁，减少室内劳动，保持明亮，具有积极意义，用于厨房、卫生间是十分适宜的。

透明度也是材料的一大特色。利用透明材料可以增加空间的广度和深度。例如，在家具布置中，玻璃面茶几由于其透明，使较狭隘的空间感到宽敞一些。通过半透明材料隐约可见背后的模糊景象，在一定情况下，比透明材料的完全暴露和不透明材料的完全隔绝，可能具有更大的魅力。

5）弹性。人们走在草地上要比走在混凝土路面上舒适，坐在有弹性的沙发上比坐在硬面椅上要舒服。因其弹性的反作用，达到力的平衡，从而感到省力而得到休息的目的。这是软材料和硬材料都无法达到的。弹性材料有泡沫塑料、泡沫橡胶、竹、藤，木材也有一定的弹性，特别是软木。弹性材料主要用于地面、床和座面，给人以特别的触感。

6）肌理。材料的肌理或纹理有均匀无线条的、水平的、垂直的、斜纹的、交错的、曲折的等自然纹理。暴露天然的色泽肌理比涂装更好。某些大理石的纹理是人工无法达到的天然图案，可以作为室内的欣赏装饰品。有些材料可以通过人工加工进行编织，如竹、藤、织物；有些材料可以进行不同的组装拼合，形成新的构造质感，使材料的轻、硬、粗、细等得到转化。

室内色彩设计的一个基本原理，就是将最强或最突出的色彩用量降到最低，否则，这些强色彩用量过多，使空间产生压迫感，运用较强的色彩可起强调作用，令稍淡或中性的色彩更生动活泼。

（3）室内色彩的形态构成。包括以下要素：

1）背景色彩。墙面、地面、天棚在室内占有极大面积，并起到衬托室内一切物件的作用。因此，背景色是室内色彩设计中首要考虑和选择的对象。不同色彩在不同的空间背景（天棚、墙面、地面）上所处的位置，对房间的性质、心理知觉和感情反应有很大的不同。

2）装修色彩。如门、窗、通风孔、博古架、墙裙、壁柜等的色彩，它们常和背景色彩有紧密的联系。白色能容纳各种色彩，作为理想背景是无可非议的，应结合具体环境和室内性质扬长避短，合理运用，以达到理想的效果。

3）家具色彩。各类家具如橱柜、梳妆台、床、桌、椅、沙发等，它们是室内陈设的主体，是表现室内风格、个性的重要因素，它们和背景色彩有着密切的呼应关系，常成为控制室内总体效果的主体色彩。

4）织物色彩。包括窗帘、帷幄、床罩、台布、地毯、沙发、座椅等蒙面织物的色彩。室内织物的材料、质感、色彩、图案五光十色，千姿百态，和人的关系更为密切，在室内色彩中起着举足轻重的作用，如不注意可能成为干扰因素。织物也可用于背景，也可用于重点装饰。

5）陈设色彩。灯具、电视机、电冰箱、热水瓶、烟灰缸、日用器皿、工艺品、绘画雕塑，它们体积虽小，常可起到画龙点睛的作用，不可忽视。在室内色彩中，常作为重点色彩或点缀色彩。质朴自然色的沙发和蓝绿的墙面配合，令人感到一种热带风光。

6）绿化色彩。盆景、花篮、吊篮、插花等不同花卉形式，有不同的姿态色彩、情调和含义，和其他色彩容易协调，它对丰富空间环境、创造空间意境、加强生活气息、软化空间肌体有着特殊的作用。

总之，解决色彩之间的相互关系，是色彩构成图的中心。室内色彩可以统一划分成许多层次色彩。背景色常作为大面积的色彩，宜用灰调，重点色常作为小面积的色彩。室内的趣味中心或视觉焦点或重点，同样可以通过色彩的对比等方法来加强效果。通过色彩的重复、呼应、联系可以加强色彩的韵律感和丰富感，使室内色彩达到多样统一，统一中有变化，不单调，不杂乱，色彩之间有主、有从、有中心，形成一个完整和谐的整体。

色彩构成在设计中的案例如图 3-28 ~ 图 3-33 所示。

图 3-28　对比色的应用

图 3-29　暖色调为主的空间

图 3-30　宁静、安详的空间

图 3-31　沉稳、大方的空间设计

图 3-32　活泼、热情的空间

图 3-33　温馨、和谐的空间

3.4 不同类型界面的设计

整个室内空间是一个完整的有机体，其各个界面及每个界面的具体装饰设计均要服从室内的总体策划和设计定位，要充分考虑它们的个体特征与室内整体面貌的内在关联性，注重装饰形式的变化与统一。

3.4.1 天棚的设计概念与审美特点

1. 天棚的形成

天棚在楼板和屋顶的底面，天棚的设置目的是掩饰粗陋、冷漠的原建筑楼板和原始屋顶的底面。吊装方式上，可以直接和室内结构框架连接，或者在结构框架上吊挂。

2. 天棚的功能

天棚的主要功能是能够遮盖其上方空间的物体，从而形成一种心理上的安全感。随着科学技术及人本精神的发展，人们越来越重视室内空间的综合环境质量，因而大量的物理环境改善设施被用于室内装饰设计中，例如：空调系统、通风系统、烟感报警系统、消防喷淋系统、综合照明以及其他强弱电系统等，而这些系统的部分设备、管道、管线都需要隐蔽于天棚界面之上，以求美观，因而天棚又具有了新的功能（图3-34、图3-35）。

图 3-34　空调、烟感器等与天棚的设计形式　　　图 3-35　形式与功能相结合的天棚设计

3. 天棚的高度对空间尺度有重要的影响

天棚的高度会形成空间或开阔、崇高，或亲切、温暖的感觉。它能产生庄重的气氛，特别是当整体设计形式规整化时更是如此（图3-36、图3-37）。当天棚凌空高耸时，会形成空旷感和崇高感（图3-38），而低天棚设计会表现出隐蔽，使人有一种亲切、温暖的体验。但是，天棚的高度也不能因此而随意处理，天棚高度必须与空间平面面积、墙体长度等建筑因素保持一种协调的比例关系。比方说，如果空间的平面面积很大，而天棚的高度相对较低，那么其结果将不会是亲切、温暖，而必定是压抑、郁闷的（图3-39）。

4. 天棚的色彩设计

天棚影响着空间高度，更影响着审美主体的心理感受。天棚的色调选择要根据空间的功能性质，冷色调的天棚显得空阔，适用于办公系列空间；暖色调的天棚亲切温暖，尤其适合家居、餐厅空间选用（图3-40）。

图 3-36　暖色调吊顶下和谐的会议氛围

图 3-37　规整化的顶棚设计形式庄严、肃穆

图 3-38　高耸的吊顶空间设计

图 3-39　压抑的顶棚造成矮小的空间

　　冷色调的运用需要设计者有很好的色彩控制力（图 3-41），如若冷暖倾向控制不当，则很有可能使人形成紧张和焦躁感。因而，通常情况下，除了娱乐空间之外的其他空间的天棚色彩设计，大多可以采用中性色为主调，局部配以一定的冷暖色彩变化。这种做法能够保障天棚的稳定感，不会对人的心理产生负面影响。

　　5. 天棚的图案设计

　　天棚的图案设计形态构成了室内空间上部的变奏音符，为整体空间的旋律和气氛奠定了视觉美感基础。如线形的表现形式具有明确的方向感；格子形的设计形式和有聚点的放射形式均能产生视线向心力和吸引力；单坡形的天棚设计引导人的视线向上伸展，如有天窗则更能引发人们的意趣和向往；双坡形天棚设计可以使注意力集中到屋脊中间的高度上和长度上，具体根据暴露出的结构构件走向而定，它会产生安全心理感受；中心尖顶的天棚设计给人的感觉是崇高、神圣，引导着人们的视知觉走向单一的、净化的境界，如教堂等；凹形的天棚设计会使一个曲面与竖直墙面产生缓和过渡与连接，给围合空间带来可塑性与包容性。

图 3-40　温馨的天棚空间设计　　　　　　　图 3-41　大胆的冷色调天棚运用

3.4.2　地面的设计概念与审美特点

地面是室内设计中界面的主要组成部分之一，它以其平整的基面限定出空间的地面范围。作为各类室内活动和家具器物摆放的载体，它必须具有牢固的构造和耐磨的表面，以保障足够的安全性和耐久性。

地面是与人们最为贴近的室内界面，地面的装饰效果直接影响到室内的整体环境，因而装饰阶段的地面处理更重要的是它的色彩、图案、材料质感的装饰处理，既需要满足人们使用功能上的要求，又要满足人们精神上的追求和享受，达到适用、美观、舒适的效果（图 3-42、图 3-43）。

图 3-42　地面石材的拼花点缀空间　　　　　图 3-43　地面材质与形式的审美结合

1. 地面的设计要点

（1）地面要和整体环境协调统一。地面的划分与天棚的组织有一定的内在联系，其图案或拼花的式样要与天棚的造型，甚至是墙面的造型存在某些呼应关系，或者在符号的使用上有共享或延续关系。也可以通过地面与其他界面之间的适宜材料的互借来加强联系。

（2）地面的块面大小、划分形式、方向组织对室内空间的影响。一般来说，由于视觉心理的作用，地面分块大的时候，室内空间显得小，反之室内空间则显得大。而块面过小的地面则会显得琐碎、凌乱，甚至脆弱，会形成地面的不稳定感，造成整个空间的失重（图3-44）。

地面铺设材料一般是以正方形为基本形态，非正方形形体的长短边线对比本身就具有一定的方向性，而采用不同的拼合方式又会形成不同的方向感，可以起到延伸空间或破解空间的作用。

2. 地面材料的种类与特性

地面材料的选择要根据空间功能的要求进行合理科学的材料分析，材料的性能一定要满足使用要求和审美要求。

（1）木质地板。木质地板纹理自然、清晰质朴、色泽天然美丽，给人以自然高雅的感觉。它具有良好的保暖性、舒适性、弹性、韧性、耐磨性，因而受到人们的普遍欢迎。木地板具有良好的隔声性能，便于拆装（图3-45）。除了优点之外，木材也具有易胀缩、易腐朽、易燃烧等缺点。

图 3-44　细碎的地面材料　　　　　　　图 3-45　光洁、柔和的木地板

木质地板常用于舞厅、会议室、舞蹈训练馆、体操房、体育馆、家庭装修的卧室、书房等空间。

（2）石材类地板。石材类地板包括花岗岩、大理石等板材。石材是一种天然的材质，具有质地坚硬、经久耐用等特性，表现出一种粗犷、硬朗的感觉。由于每块石材都具有天然的纹饰，故拼合后的图案更加丰富多变。其色彩多是天然生成，柔和丰富。而色彩范围从黄褐色、红褐色、灰褐色、米黄色、淡绿色、蓝黑色、紫红色等，直到纯黑色，丰富多彩，种类繁多，各有妙景生成。

石材类地板多用于星级宾馆、大型商厦、剧场、机场、车站等公共建筑内（图3-46）。

（3）陶瓷面砖。陶瓷面砖是以优质黏土为主要原料烧结而成的。建筑陶瓷面砖具有防水、防油、防潮、耐磨、耐擦洗等性能，因而多用于厨房、卫生间等亲水空间及其他人流量比较大的室内环境。而随着其图案与花色的日趋丰富、完美，也越来越为各种个性化室内环境设计所宠爱。

3. 柔性地毯

地毯是柔软性铺盖物中具有代表性的地面装饰材料之一。由于其宽广的色谱和多样的图案以及精美的手工工艺制作，给人视觉上和心理上以柔软性、弹性和温暖感。地毯能够降低声音的反射和回旋，并为人们提供舒适的脚部触感和安全感。地毯不宜浸水，清理维护不便，因而适用于环境高雅的空间中使用（图 3-47）。

图 3-46　地面石材的拼花点缀空间

图 3-47　地毯材质与形式的审美结合

3.4.3　墙面的概念、结构特征及设计

1. 墙面的概念

墙面是室内空间垂直方向的界面，墙面的围合与天棚和地面的结合，形成了完整的室内空间。墙面以其实体板块形式的差异，通过不同距离、不同形式的组合，分隔出完全不同的活动空间，成为划分空间（区域）的主要手段。而这种空间划分，要视空间功能要求而定，根据不同的私密性和开放性要求，采取相应的间隔或围合形式。

墙面和人的视线垂直，是人的视线经常触及的地方，在人的视域里占优先位置，而且，墙面的面积在三大界面的总体面积中占有相当大的比重，所以墙面设计在室内设计中处于重要装饰位置。墙面的装饰效果要与空间的整体格调和谐，应充分考虑空间的功能性质，并以此为前提选择适宜的墙面的形式、材质、色彩，从而营造出良好的空间氛围（图 3-48、图 3-49）。

图 3-48　立体墙面空间设计

图 3-49　浓厚风格的墙面设计

2. 墙面设计的结构特征

从墙体结构特征的方面看，墙面大致可以归纳为平整式、凹凸式、通透式等表现形式。

（1）平整式。墙面平整、结构单一的形式为墙面平整式结构。一般来说，这种墙面的表现形式是平直、顺畅，在垂直方向上没有大的结构变化，给人以简洁的感觉，是最为平常的一种墙体结构形式。对于平面的墙体来说，平整式具有明确肯定的空间界定感。此类墙体结构形式的设计要根据不同的空间面积、空间关系因地制宜地选择（图3-50）。

（2）凹凸式。当墙面具有水平方向或垂直方向的连续的凹凸变化时，这种墙面便可以称为起伏式墙面。起伏式墙面的凹凸结构变化增强了它的动感，尤其是水平方向连续的波浪式墙面，具有强烈的韵律和自然的行进美感。垂直方向起伏变化的使用，要根据空间的面积和高度决定。这种起伏会削弱墙体的力度感，在狭小空间或低矮空间中会造成一定的不安全感，要谨慎使用（图3-51）。

图3-50　平整的墙面装饰

图3-51　凹凸的墙面装饰

（3）通透式。通透式墙体是空间界定的一种特殊形式，它实现了空间的分隔，却能够保持空间在视觉上的连续性和延展性。采用通透式墙体的两个相邻空间的功能在性质上不能有很大的跨越，因为它有时具有听觉上的隐秘性，而不具有视觉上的隐蔽性。在两个通透式界定的空间中，装饰格调、氛围不能跳越过大，否则会相互影响，产生视觉的混乱。通透式墙体如果运用得当，可以起到相互借景的效果，增强墙体自身的装饰美感（图3-52、图3-53）。

3. 墙面装修

墙面的装修主要材料有：乳胶漆、喷漆、石头漆、墙纸（布）、瓷砖、石材、木板饰面、石膏模板等。在工序上有前有后，以饰面材料为决定因素。

（1）乳胶漆。极受欢迎的装修做法。

（2）喷涂。建筑装饰业中的喷涂最早是使用于建筑外墙面处理的弹涂工艺，可形成多种颜色纹理，外观淡雅，有立体感。由于喷涂施工快速，可大大缩短施工工期。

（3）墙纸。装修中使用相当普遍。主要有纸造墙纸、化纤墙纸、塑料墙纸。而布质的墙纸一般称为墙布，不划归墙纸一类。

墙纸可印图案，图案多样，色泽丰富，且施工方便快捷。墙纸的施工，最主要的关键技术是防霉和处理伸缩性的问题：

图 3-52　通透式隔断墙　　　　　　　　　图 3-53　极富动感的隔断墙

1）防霉的处理。墙纸张贴前，需要先把基面处理好，可以双飞粉加熟胶粉进行批烫整平。待其干透后，再刷上一两遍的清漆，然后再行张贴。

2）伸缩性的处理。墙纸的伸缩性是一个老大难问题，要解决就是从预防着手。一方面一定要预留 0.5mm 的重叠层，有一些人片面追求美观而把这个重叠取消，这是不妥的。另外，尽量选购一些伸缩性较好的墙纸。

（4）瓷砖。瓷砖，是目前装修中的一大项目。瓷砖多数应用于厨房、厕所、阳台等地方的墙面。瓷砖装修的最大优点可能是耐脏，易清洗。瓷砖装修其中一个主要问题是防水层的处理。因为在厨厕这些地方多有用水的问题，所以墙面的防水更应高度注意。

（5）木板饰面。木板饰面是现在一些高档装修的做法。一般是在 9cm 底板上贴 3cm 饰面板，再打上蚊钉固定。木板饰面可做各种造型，且木饰面板具有各种天然的纹理，可给室内带来华丽的效果。

木饰面防开裂的做法是：

1）接缝处要按 45°角处理，使其接触处形成三角形槽面。

2）在槽里填入原子灰腻子，及贴上补缝绷带。

3）表面调色腻子批平。

4）再进行其他的漆层处理（刷手扫漆或者混油）。木饰面的固定用的钉一定要使用螺钉，在表层处理时，用调色腻子填平即可。

（6）石材饰面。石材装饰墙面的做法属于高档装修做法，一般多采用进口大理石，造价较高。石材（毛面石、文化石除外）可以用于门厅、大厅、过道等公共区域。在墙面装修中采用石材施工，主要分为两种做法：湿贴法和干挂法两种。湿贴法与瓷砖的铺设是一样的。干挂法是目前在建筑业倍受欢迎的做法。

4. 室内空间界面装饰材料的选用要求

室内装饰材料的选用直接影响设计效果的最终实现，设计师应熟悉各种材料的质感、特点、性能、价格，了解其施工的技术工艺要求，善于运用先进的物质技术手段，使设计具有可操作性。

空间界面装饰材料的选用应考虑以下要求：

（1）与室内空间功能相适应，不同的室内环境氛围应用不同的界面装饰材料来烘托。办公环境的安静、严肃、简约，娱乐环境的欢快、愉悦，居家环境的温馨、快乐都要求材料的质地、颜色、光泽、纹理与其相适应。

（2）适合室内装饰的不同部位不同的室内部位，对装饰材料的感官、物理化学性能有不同要求，因而要用不同材料。

（3）与时尚、更新的发展需要相适应。由于现代室内设计发展很快，室内设计并非"一劳永逸"，原有装饰必然为更符合潮流，更为经济、实用、美观的装饰所代替。

界面装饰材料应具有"设计新颖，用材精巧，精用优材，巧用一般材料"的特点。

本 章 小 结

本章阐述了在室内设计中各空间界面的设计以及其与平面构成、立体构成、色彩构成的关系。通过理论与图片分析设计理念在设计中的应用，介绍了设计原则和相关的注意事项。要求掌握三大构成在界面设计中的应用以及室内空间各界面的装修原则，了解空间界面设计的定义和设计原则，做到学以致用，理论与实践结合。

思考题与习题

1. 简述界面装修的设计原则。
2. 收集 3 张室内装修图片，说明平面构成在室内设计中的应用方法。
3. 收集 3 张室内装修图片，说明立体构成在室内设计中的应用方法。
4. 收集 3 张室内装修图片，说明平面色彩构成在室内设计中的应用方法。
5. 谈谈点线面在室内设计中的综合应用情况。
6. 怎样理解色彩的好恶感？

第4章 室内设计与人体工程学

学习目标：

通过本章的学习，了解人体工程学的基础理论和研究方法。在此基础之上，将人体工程学的理论运用到实际设计中，从而真正做到以人为本、为人服务。

学习重点：

1. 对人体基本尺度的了解。
2. 人体工程学在几类主要空间中的应用。
3. 人体的环境心理尺度。

学习建议：

1. 首先要了解人体工程学的基本意义。
2. 掌握人体基本的尺度和活动尺度。
3. 研究在室内设计中如何运用人体工程学的知识进行设计。

4.1 人体工程学的含义与发展

人体工程学是一门涉及诸多方面的边缘学科。它的英语"Ergonomics"是由希腊词"ergon"和"nomos"复合而成的。"ergon"是出力工作的意思，"nomos"是正常化、规律的意思，将两者集合起来就是：人的工作正常化规律，这说明人体工程学就是研究人在适度的劳动中如何有规律地用力工作的一门学科。

人体工程学又称为人体功效学、人体测量学以及人类工程学等。其实，他们研究的内容基本趋同，只是在不同的环境、文化氛围中的表现形式多样化罢了。人体工程学，主要以人为中心，研究人在劳动、工作和休息过程中，在保障安全、舒适、有效的基础上，提高室内环境空间的使用功能和精神品位。

人体工程学起源于欧美，最早出现在波兰，1857年波兰人亚司特色波夫斯基第一个建立了ergonomics体系，他提出了"以最小的劳累达到丰富的结果。"人的生命力应当以科学的方式从事劳动，从此应当发展专门的学科使人们以最小的劳累为自己和大家共同的福利获得最大的成果和最多的满意。此后，美国的泰勒、吉尔布雷斯、德国的敏斯特伯格都为人体工程学这一学科进行了研究与测试。1949年英国成立了劳动学学会，主要目的是研究生产劳动规律，使它最佳化，这一阶段被称为经验人体工程学时期。

从第二次世界大战结束到20世纪60年代，是人体工程学大发展阶段。军事科学技术开始运用人体工程学的原理和方法，在坦克、飞机的内舱设计中，人体工程学发挥了极大的作用，提高了战斗力，减少了伤亡。战后军用品转为民用品，对人体工程学的研究领域不断扩大。1960 年，国际上成立了人机工程协会（IEA），对人体工程学的定义是：人体工程学是研究人在某种工作环境中的解剖学、生理学和心理学等方面的各种因素；研究人和机器及环境的相互作用；研究工作中、家庭生活中及闲暇时怎样考虑人的健康、安全、舒适和工作效率等问题的学科。

1961 年在斯德哥尔摩举行了第一次国际人体工程学会议，1975 年成立了国际人体工程标准化技术委员会（ISO/CT—159），颁布了《工作系统设计的人类工效学原则》标准，作为人机系统设计的基本指导方针，这一阶段被称为科学人体工程学时期。

20 世纪 60 年代，科学技术迅猛发展，计算机技术不断普及，系统学科、集成技术和人工智能的开发研究，汽车制造与航空事业空前发展，都为人体工程学提供了广阔的应用空间。

时至今日，社会发展到信息时代，以人为本、为人服务的思想已经贯穿到我们的日常生活和生产活动中。联系到室内设计，就是以人为主体，运用人体计测、生理计测、心理计测等手段和方法，研究人体结构功能、心理、力学等方面与室内环境之间的合理协调关系，以适应人的身心活动要求，取得最佳的使用效能。其目标应是安全、健康、高效能和舒适。

4.2 人体基本尺度及应用

以人为中心设计，必须要正确对待人、面向人、适应人、支持人的行为，通过设计正确分配人与环境系统功能，使行为适应社会，尊重人的能力限度，达到技术经济合理。环境艺术设计需要研究人与自然的或人造景观的环境空间是否体现人文观念和生活需要，最基本的人机问题就是尺度。为了确定空间的造型尺度、操作者的作业空间、动作姿势的特点，就要掌握人体的基本尺度及运动规律。

4.2.1 人体基本尺度

人体基本尺度是设计师进行设计时必须考虑的基本因素，人的身体会因年龄、健康状况、性别、种族、职业等不同而有显著的差异，设计用品和工作场所时，必须考虑这些方面的差异性对设计产生的影响。人体空间的构成主要包括以下三个方面：

1. 体积

所谓体积，就是人体活动的三维范围。这个范围将根据研究对象的国籍、生活的区域以及个人的民族、生活习惯的不同而各异。所以，人体工程学在设计实践中经常采用的数据都是平均值，此外还向设计人员提供相关的偏差值，以供余量的设计参考。

2. 位置

所谓位置，是指人体在室内空间中的相对"静点"。个体与群体在不同空间的活动中，总会趋向一个相对的空间"静点"，以此来表示人与人之间的空间位置和心理距离等，它主要取决于视觉定位。同样它也根据人的生活、工作和活动所要求的不同环境空间，而表现在设计中将是一个弹性的指数。

3. 方向

所谓方向，是指人在空间中的"动向"。这种动向受生理、心理以及空间环境的制约。这种动向体现人对室内空间使用功能的规划和需求。如：人在黑暗中具有趋光性的表现，而在休息室则就有背光的行为趋势。

4. 我国成年人人体结构尺寸

1988 年，国家标准局发布了《中国成年人人体尺寸》（GB 10000—1988）。为研究人体工程学、室内设计的人体参数提供了科学的根据和标准的数据。见表 4-1 ～ 表 4-4、图 4-1。

表 4-1　人体主要尺寸

年龄分组 测量项目 百分位数	男（18～60 岁）							女（18～55 岁）						
	1	5	10	50	90	95	99	1	5	10	50	90	95	99
1.1 身高/mm	1543	1583	1604	1678	1754	1775	1814	1449	1484	1503	1570	1640	1695	1697
1.2 体重/kg	44	48	50	59	71	75	83	39	42	44	52	63	66	74
1.3 上臂长/mm	279	289	294	313	333	338	349	252	262	267	284	303	308	319
1.4 前臂长/mm	206	216	220	237	253	258	268	185	193	198	213	229	234	242
1.5 大腿长/mm	413	428	436	465	496	505	523	387	402	410	438	467	476	494
1.6 小腿长/mm	324	338	344	369	396	403	419	300	313	319	344	370	376	390

表 4-2　立姿人体尺寸

年龄分组 测量项目 百分位数	男（18～60 岁）							女（18～55 岁）						
	1	5	10	50	90	95	99	1	5	10	50	90	95	99
2.1 眼高/mm	1463	1474	1495	1568	1643	1664	1705	1337	1371	1388	1454	1522	1541	1579
2.2 肩高/mm	1244	1281	1299	1367	1435	1455	1494	1166	1195	1211	1271	1333	1350	1385
2.3 肘高/mm	925	954	968	1024	1079	1096	1128	873	899	913	960	1009	1023	1050
2.4 手功能高/mm	656	680	693	741	787	801	828	630	650	662	704	746	757	778
2.5 会阴高/mm	701	728	741	790	840	856	887	648	673	686	732	779	792	819
2.6 胫骨点高/mm	394	409	417	444	472	481	498	363	377	384	410	437	444	459

表 4-3　坐姿人体尺寸

年龄分组 测量项目 百分位数	男（18～60 岁）							女（18～55 岁）						
	1	5	10	50	90	95	99	1	5	10	50	90	95	99
3.1 坐高/mm	836	858	870	908	947	958	979	789	809	819	855	891	901	920
3.2 坐姿颈椎点高/mm	599	615	624	657	691	701	719	563	579	587	617	648	657	675
3.3 坐姿眼高/mm	729	749	761	798	836	847	868	678	695	704	739	772	783	803
3.4 坐姿肩高/mm	539	557	566	598	631	641	659	504	518	526	556	585	594	609
3.5 坐姿肘高/mm	214	228	235	263	291	298	312	201	215	223	251	277	284	299
3.6 坐姿大腿厚/mm	103	112	116	130	146	151	160	107	113	117	130	146	151	160
3.7 坐姿膝高/mm	441	456	464	493	523	532	549	410	424	431	458	485	493	507
3.8 小腿加足高/mm	372	383	389	413	439	448	463	331	342	350	382	399	405	417
3.9 座深/mm	407	421	429	457	486	494	510	388	401	408	433	461	469	485
3.10 臀膝距/mm	499	515	524	554	585	595	613	481	495	502	529	561	570	587
3.11 坐姿下肢长/mm	892	921	937	992	1046	1063	1096	826	851	865	912	960	975	1005

表4-4   人体水平主要尺寸

测量项目 \ 百分位数 \ 年龄分组	男 （18～60岁）							女 （18～55岁）						
	1	5	10	50	90	95	99	1	5	10	50	90	95	99
4.1 胸宽	242	253	259	280	307	315	331	219	233	239	260	289	299	319
4.2 胸厚	176	186	191	212	237	245	261	159	170	176	199	230	239	260
4.3 肩宽	330	344	351	375	397	403	415	304	320	328	351	371	377	387
4.4 最大肩宽	383	398	405	431	460	469	486	347	363	371	397	428	438	458
4.5 臀宽	273	282	288	306	327	334	346	275	290	296	317	340	346	360
4.6 坐姿臀宽	284	295	300	321	347	355	369	295	310	318	344	374	382	400
4.7 坐姿两肘间距	353	371	381	422	473	489	518	326	348	360	404	460	378	509
4.8 胸围	762	791	806	867	944	970	1018	717	745	760	825	919	949	1005
4.9 腰围	620	650	665	735	859	895	960	622	659	680	772	904	950	1025
4.10 臀围	780	805	820	875	948	970	1009	795	824	840	900	975	1000	1044

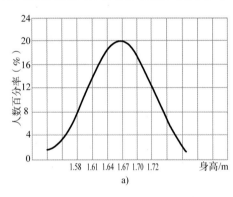 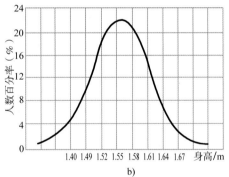

图4-1   我国成年男、女不同身高的百分率

a）男   b）女

4.2.2   人体基本活动尺度

人在某一特定空间中进行的各类工作和生活中活动范围的大小是确定室内空间尺度的重要依据之一。人体基本活动尺度可以用各种测量方法测定，其数据是人体工程学研究的基础数据。

在室内设计时，参照的人体基本活动尺度，应考虑在不同空间与围护的状态下，人们动作和活动的安全性以及对大多数人的适宜尺度，还要考虑空间使用的功能性、观赏性等。见表4-5、图4-2～图4-5。

例如：对门洞高度、楼梯通行净高、隔断高度、通道高度等应取男性人体高度的上限，并适当加以人体动态时所需空间范围进行设计；对踏步高度、上搁板高度、窗台及挂钩高度应采用女性人体的平均高度进行设计。

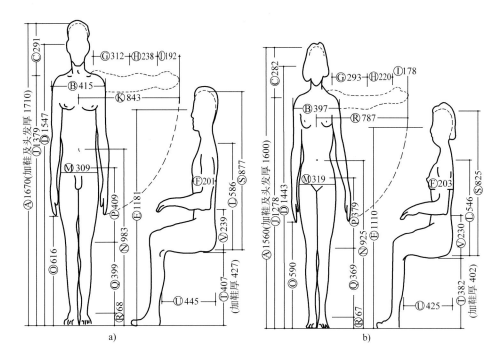

图 4-2　我国成年男、女基本尺度

a）男　b）女

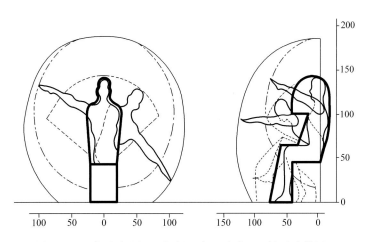

图 4-3　坐姿活动空间（包括上身、手臂和腿的活动范围）

表 4-5　我国不同地区人体各部分平均尺寸　　（单位：mm）

编号	部　位	较高人体地区（冀、鲁、辽）		中等人体地区（长江三角洲）		较低人体地区（四川）	
		男	女	男	女	男	女
A	人体高度	1690	1580	1670	1560	1630	1530
B	肩宽度	420	387	415	397	414	385
C	肩峰至头顶高度	293	285	291	282	285	269
D	正立时眼的高度	1513	1474	1547	1443	1512	1420

（续）

编号	部　　位	较高人体地区 （冀、鲁、辽）		中等人体地区 （长江三角洲）		较低人体地区 （四川）	
		男	女	男	女	男	女
E	正坐时眼的高度	1203	1140	1181	1110	1144	1078
F	胸廓前后径	200	200	201	203	205	220
G	上臂长度	308	291	310	293	307	289
H	前臂长度	238	220	238	220	245	220
I	手长度	196	184	192	178	190	178
J	肩峰高度	1397	1295	1379	1278	1345	1261
K	1/2 上骼展开全长	869	795	843	787	848	791
L	上身高长	600	561	586	546	565	524
M	臀部宽度	307	307	309	319	311	320
N	肚脐高度	992	948	983	925	980	920
O	指尖到地面高度	633	612	616	590	606	575
P	上腿长度	415	395	409	379	403	378
Q	下腿长度	397	373	392	369	391	365
R	脚高度	68	63	68	67	67	65
S	坐高	893	846	877	825	350	793
T	腓骨头的高度	414	390	407	328	402	382
U	大腿水平长度	450	435	445	425	443	422
V	肘下尺寸	243	240	239	230	220	216

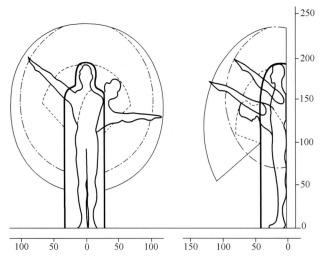

图 4-4　立姿活动空间（包括上身及手臂的可及范围）

4.2.3　人体工程学在几类主要空间中的应用

　　人性化的室内设计是在了解了家庭结构、生活习惯、民风民俗及气候条件等因素下进行的设计，通过多样化的空间组合形式来满足不同生活需求的设计。合理的空间设计如：空间

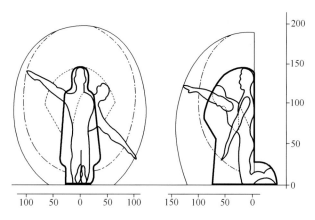

图 4-5　跪姿活动空间（包括上身及手臂活动的范围）

的位置组合、顺畅的交通流线、设计的比例尺寸等都是影响空间设计的重要因素。不同的空间由于有不同的使用功能，在设计时要根据需求进行设计。

1. 人体工程学在居住空间中的应用

设计居住空间，首先要了解人们的生活行为，包括生理需求层面与精神要求层面。其次，研究人们所具有的个性，有针对性地设计出其适应的空间。因此，优秀的空间设计应充分联系生活的实际与相应的空间关系，既是设计住宅空间又是设计生活方式。

居住空间设计应体现起居室为全家活动中心的原则，合理安排起居室的位置，满足人的行为活动要求。如考虑人站、立、坐、卧、跪的活动尺寸，设计应满足人的静态空间要求；考虑人在室内走、跑、跳、爬的活动尺寸，设计应满足人的动态空间要求。

在设计时各空间应有良好的空间尺度和视觉效果，功能明确，各取所需（图4-6、图4-7）。设计时应考虑居住的安全性、舒适性、私密性等功能要求，实现公私分离、食宿分离、动静分离；各空间之间要动线流畅，不要相互穿行干扰；合理安排家具、视听设备、装饰陈列品及绿化等的室内陈设布置格局；设置室内外过渡空间，如：换衣、换鞋等。

在设计中还要注重人体在室内物理环境中的最佳参数。物理环境主要有室内热环境、声环境、光环境、重力环境、辐射环境等。室内热环境的主要参考指标见表4-6。

表 4-6　室内热环境的主要参考指标

项　目	允　许　值	最　佳　值
室内温度/℃	12 ~ 32	20 ~ 22（冬季），22 ~ 25（夏季）
相对湿度（%）	15 ~ 80	30 ~ 45（冬季），30 ~ 60（夏季）
气流速度/（m/s）	0.05 ~ 0.2（冬季），0.15 ~ 0.9（夏季）	0.1
室温与墙面温差/℃	6 ~ 7	<2.5（冬季）
室温与地面温差/℃	3 ~ 4	<1.5（冬季）
室温与顶棚温差/℃	1.5 ~ 5.5	<2.0（冬季）

在居住空间设计中应注意以下几点：

1）沙发、茶几与视听设备之间的尺度关系。

2）人流通道的顺畅及与家具之间的尺度关系。

图4-6　良好的空间尺度和视觉效果　　　　图4-7　装饰陈列品营造出良好的氛围

3）人坐在坐卧性家具上相互交流的角度及尺寸关系。

4）墙面装饰与人的坐姿、立姿之间的视阈关系。

5）凭倚类家具与人坐姿、站姿之间的尺寸关系。

6）储存类家具中的陈列品与人的视角之间的尺寸关系。

2. 人体工程学在餐饮空间中的应用

餐饮空间以餐饮部分的规模、面积和用餐座位数为设计指标，随空间的性质、等级和经营方式而异。餐饮空间的等级越高，餐饮面积指标越大，反之则越小。餐厅的面积一般以 1.85 座/m² 计算，指标过小，会造成拥挤；过宽，易增加工作人员的劳作活动范围和精力。

餐饮空间中大中型餐厅餐座总数约占总餐座数的 70% ~80%。小餐厅约占总餐座数的 20% ~30%。影响面积的因素有：饭店的等级、餐厅等级、餐座形式等。

餐饮设施的常用尺寸：餐厅服务走道的最小宽度为 900mm；通路最小宽度为 250mm；餐桌最小宽度为 700mm；4 人方桌 900mm×900mm；4 人长桌 1200mm×750mm；6 人长桌 1500mm×750mm；8 人长桌 2300mm×750mm；圆桌最小直径：1 人桌为 750mm；2 人桌为 850mm；4 人桌为 1050mm；6 人桌为 1200mm；8 人桌为 1500mm。餐桌高 720mm；餐椅座面高 440 ~450mm。吧台固定凳高 750mm，吧台桌面高 1050mm，服务台桌面高 900mm，搁脚板高 250mm。

不同规模的餐馆面积分配及餐厅、饮食厅、各加工空间室内最低净高见表 4-7，表 4-8。在餐饮空间设计中应注意以下几点：

1）餐桌布局中主通道与支通道的尺度。

表 4-7　不同规模的餐馆面积分配

级别	分项	每座面积/m²	比例（%）	规模/座				
				100	200	400	600	800/1000
一级餐馆	总建筑面积	4.5	100	450	900	1800	2700	3600
	餐厅	1.30	29	130	260	520	780	1040
	厨房	0.95	21	95	190	380	570	760
	辅助	0.05	11	50	100	200	300	400
	公用	0.45	10	45	90	180	270	360
	交通结构	1.30	29	130	260	520	780	1040
二级餐馆	总建筑面积	3.6	100	360	720	1440	2160	2880
	餐厅	1.10	30	110	220	440	660	880
	厨房	0.79	22	79	158	316	474	632
	辅助	0.43	12	43	86	172	258	344
	公用	0.36	10	36	72	144	216	288
	交通结构	0.92	26	92	184	368	552	736
三级餐馆	总建筑面积	2.8	100	280	560	1120	1680	2240
	餐厅	1.00	36	100	200	400	600	800
	厨房	0.76	27	76	152	304	456	608
	辅助	0.34	12	34	68	136	204	272
	公用	0.14	5	14	28	56	84	112
	交通结构	0.56	20	56	112	224	336	448

表 4-8　餐厅、饮食厅、各加工空间室内最低净高　　　　　（单位：m）

房间名称 顶棚形式	餐厅、饮食厅		各加工间
	大餐厅、饮食厅	小餐厅、饮食厅	
平顶	3	2.6	3
异形顶	2.4	2.4	3

注：有空调时，小餐厅、饮食厅最低净高不小于 2.4m（平顶）。

2）餐桌的大小与进餐人数之间的关系。

3）餐桌的基本尺寸与人体需求之间的关系（图 4-8）。

4）服务员送餐的通道尺寸及最佳路线。

5）服务台内工作人员的活动范围及物品摆放的最佳尺寸。

3. 人体工学在购物空间中的应用

以大中型综合商场为基础进行综合分析，根据平面尺度、个体尺度以及功能、动线等进行设计。所谓平面尺度是指空间分割与组织、商品陈列与人行通道等要素与商场空间总面积之间的百分比，又称为陈列密度。若密度过大，会形成客流的拥挤，使人紧张不安，影响展示传达与交流效果；若密度过小，又会让人感到厅堂内商品匮乏。因此，陈列密度的控制应慎重，可结合具体展示性质、功能、客流量等因素综合考虑。常规条件下，陈列密度以

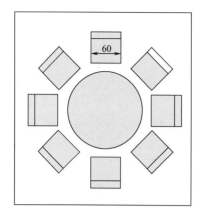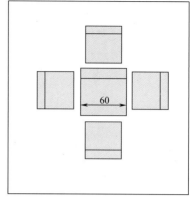

图 4-8　各类餐桌的大小尺度

30%～60% 较为适宜。

购物空间中商品展示的陈列高度，因受观者视角的限制而产生了不同功能的垂直面区域范围。地面以上 80～250cm 为最佳陈列视域范围。按我国人体计测尺寸平均 168cm 计算，视高约为 152cm，接近这一尺度的上下浮动值 112～172cm 可视为黄金区域。若作重点陈列，这一视域最能引起观者注意。距地面以上 80cm 以下可作为大型商品的陈列区域，如机械、冰箱、空调、摩托车、洗衣机、服装模特等，可制作低矮展台进行衬托；距地面 250cm 以上空间可作为大型平面商品陈列区域，如壁毯、针织品、大型电脑喷绘画面等。

商业展示道具的尺度受商品、环境、人、道具自身结构、材料和工艺等要素限定，其尺度标准的制定应综合考虑。厅堂内挂镜线的高度通常为 350～400cm，桌式陈列柜总高约为 120cm，底座约为 60cm；立式陈列柜总高为 180～220cm，底抽屉板距地面约为 60cm；低矮的陈列柜视商品大小而定。

店堂通道的位置将直接决定购物面积和售货面积。在购物空间设计中应注意以下几点：

（1）商场中营业面积与人流之间的尺寸及比例关系。

（2）陈列架的高度与人的立姿视域之间的关系。

（3）陈列架、柜的摆放及与所售物品相互之间的尺寸及比例关系。

（4）展柜下部存放空间与人的动作之间的尺度关系。

4. 人体工程学在办公空间中的应用

办公空间形式多样，如：办公室、研究室、教室、实验室等。这类空间的特点，既不是单一的个人空间，又不是相互间没有联系的公共空间，而是少数人由于某种事物的关联而聚合在一起的行为空间。这类空间既有开放性，又有私密性。确定这类空间尺度，首先要满足个人空间的行为要求，再满足与其相关的公共事物行为的要求（图 4-9、图 4-10）。在办公空间设计中应注意以下几点：

1）符合办公空间的使用性质、规模与标准。

2）符合办公家具与使用者之间的尺寸关系。

3）符合办公设备、家具与使用者之间的关系。

4）符合屏风式隔断的分隔、高矮尺寸与使用者之间的交流信息及个人私密性之间的需求关系。

图 4-9　会议室

图 4-10　接待室

4.3　环境心理尺度

　　研究环境心理尺度是因为环境与人、环境与机器、环境与整个系统之间，都存在着物质、能量和信息的流动，并通过信息传递、设计和制作使人与环境有机地结合在一起（图4-11、图4-12）。它着重从心理学和行为的角度，探讨人与环境的最优化，它与心理学、医学、环保、社会人文、生态学、建筑学、环境设计学等学科都有着密切的关系。

图 4-11　中山卓盈丰纺织制衣公司

图 4-12　西安人才交流中心

4.3.1　领域性与人际距离

　　领域是一个固定的空间或区域，其大小可随时间和生态条件而有所调整，包括意识形态或社会活动的范围，如：思想领域、学术领域、生活领域、科学领域等。人的生活与工作中总是有与其适应的生理和心理范围与领域，以保持工作或生活不被外界影响。

　　人际距离是生活和工作中人与人之间的空间距离。与人交往的空间距离是多少呢？这首先要看你与谁交往。美国学者霍尔研究发现，46～61cm属私人空间，一对恋人可以安然地呆在私人空间内。若其他人处在这一空间内，就会显得很尴尬。私人空间可以延长到 76 ~ 122cm，若讨论个人问题是恰当不过了。研究表明，大多数人在交往时分成四种不同的距离，即亲密距离、个人距离、社交距离和公众距离。

亲密距离是一个人与最亲近的人相处的距离为 0 ~ 45cm。当陌生人进入这个领域时，会使人在心理上产生强烈的排斥反应。例如：在拥挤的公共汽车里，互不相识的人通常保持着僵直的身躯，尽量避免身体的接触，而夫妻、恋人、父母与孩子则会依偎在一起。亲密距离也是人的情感需求，如果最亲近的人长期不能在亲密距离中相处，会导致情感缺失，甚至会在生理上出现不良反应。一项对比试验表明，经常接受母亲抚摸的婴儿神经系统发育得快，比其他婴儿更活跃、体重增加的速度会比那些不受抚摸的婴儿快出 47%。因此专家们认为，亲密距离是人际交往中最为重要也最为敏感的距离，每个人都必须谨慎地把握这个距离。

个人距离的范围是 45 ~ 100cm。人们可以在这个范围内亲切交谈，可以清楚地看到对方细微表情的变化，又不致触犯对方的近身空间。一般朋友和熟人在街上相遇，往往在这个距离内握手、问候和交谈。

社交距离一般为 1 ~ 3.5m。其中 1 ~ 2m 之间通常是人们在社会交往中处理私人事务的距离。如在银行为了保护客户取款时输入密码不被他人窥视，而设置的"一米线"。在社交距离中，2 ~ 3.5m 通常是商务会谈的距离，相互之间除了语言交流，还要有适当的目光接触，否则会被认为是不尊重对方。在电视屏幕上，电视节目主持人大多是中近景，这是为了缩短与观众的距离。因为这个景别的视觉效果是主持人与观众的距离只有 2m 左右。因此在进行室内设计时，一定要根据具体情况加以空间的设计。

公众距离往往是教师讲课时、小型报告会等公众集会时采用的距离，一般为 3.5 ~ 7m。超过这个距离人们就无法以正常的音量进行语言交流了。所以有经验的教师在讲到重点时会走下讲台或提高音量，以提高语言的感染力并激发学生的注意力。

人际交往的四种状态只是大致的划分。在不同的文化背景下，把握人际距离的准则会有所差异，但基本规律是相同的。和喜欢的人交谈要靠得近，熟人要比生人靠得近，性格外向的要比内向的人靠得近，女人之间比男人之间靠得近。仔细想来，在生活中人与人之间的和谐都建立在恰当的交往距离之上，而人与人之间的某些冲突却往往是从不恰当的距离开始的。因此，在交往时恰当地运用"距离语言"，我们才能在越来越拥挤的地球上找到合适的位置，在越来越频繁的人际交往中科学地把握好距离（图4-13、图4-14）。

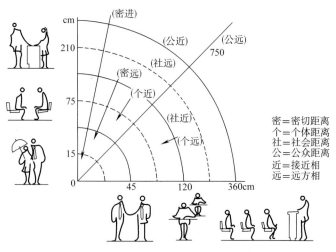

图4-13 人际距离空间的分类

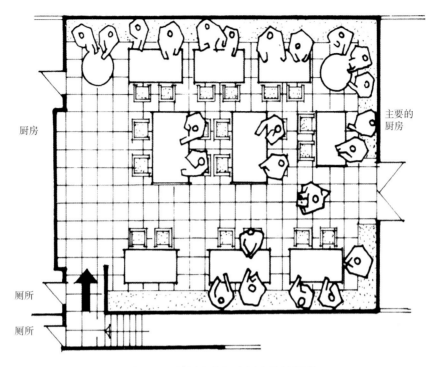

图 4-14　餐厅中人们选择座位的情况

4.3.2　私密性与尽端趋向

　　私密性是人类对住宅功能的基本需求之一。按照西方人本主义心理学奠基人马斯洛对人类需求的划分，"私密性"属于人类最基本的心理需求，能否满足私密性直接影响到人们对家园的依赖感与归属感。"私密性"强调个人（或家庭）所处环境具有隔绝外界干扰的作用，可以按照自己的意愿支配自己的环境，即有控制、选择与他人交换信息的自由。只有维持个人的私密性，才能保证单体的完整个性，它表达了个体的人对生活的一种心理的概念，是作为个体的人被尊重、有自由的基本表现。私密性空间是通过一系列外界物质环境所限定、巩固的独立的室内空间，如果说领域性主要在于空间范围，则私密性更涉及在相应空间范围内，包括视线、声音等方面的隔绝要求。

　　在日常生活中，为保护个人的私密性，人们总在空间中趋向尽端区域，即私密性越强，尽端区域性越强。如：卧室总是在整套房间的尽端、书房尽量在某处的尽端，以致不被打扰；在公共场合，人们总是在寻找有依托、有靠背、不显露自己的理想位置（图 4-15）。

4.3.3　从众与趋光心理

　　紧急情况时人们往往会盲目跟从人群中领头的急速跑动人的去向，不管去向是否是安全疏散口，即属从众心理。当人们在室内空间流动时，具有从暗处往较明亮处流动趋向，紧急情况时语言的引导会优于文字的引导。设计者在创造公共场所室内环境时，首先注意空间与照明等的导向，标志与文字的引导固然也很重要，从紧急情况时的心理与行为来看，对空间、照明、音响等需予以高度重视。

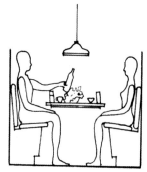

图 4-15　餐厅的雅座形成了许多"局部尽端"

4.3.4　空间形状的心理感受

形状各异的空间能够给人不同的心理感受。三角形的多灭点的斜向空间常给人以动态和富有变化的心理感受；矩形的空间就可以给人稳定的方向感；不规则的几何形给人以不稳定、变化、不规整的感觉。

4.3.5　环境心理学在室内设计中的应用

加拿大建筑师阿瑟·埃里克森说过："环境意识就是一种现代意识"。人是环境的创造物，同时又是环境的创造者。人类在自然环境中生存，就对自然环境进行着选择、适应、调节和改造。当人们处于室内环境的包围之中时，人们的思想、情绪和行为等心理要素也同时处在室内环境的影响中。室内环境就是指包围在我们周围的所有环境元素，其构成有：空间的大小；空间的围合元素，比如吊顶、地板、墙壁等；设备家居元素，比如家具、灯具、五金、装饰物等；空间气氛元素，比如灯光、色彩、温度等。这些给人以各种综合形象和生理刺激，同时这些刺激又在大脑中由感觉转化为感情，从而产生心理和精神上的作用。

环境心理学非常重视生活于人工环境中人们的心理倾向，把选择环境与创建环境相结合，着重研究下列问题：室内环境设计怎样符合人的行为模式和心理特征。如：商业环境设计，在设计中既要符合展卖商品的目的，又要满足购物人群的其他需要，如：购物——游览——休闲（饮食）——信息——服务（闻讯、兑币、送货、邮寄等）等行为；怎样进行环境的认知，通过了解使用者对环境的认知程度，从而从使用功能、使用特点、组织空间、设计好界面、色彩和光照，处理好室内环境，使之符合人们的心愿。

4.3.6　人性化理念的人体工程学设计

人性化设计是指在符合人们物质需求的基础上，强调精神与情感需求的设计。设计的目的在于满足人自身的生理和心理需要，需要成为人类设计的原动力。需要不断产生和满足，不断推动设计向前发展，影响和制约设计的内容和方式。

"人性化设计"作为当今设计界与消费者孜孜追求的目标，带有明显的后工业时代特色，是工业文明发展的必然产物。从大至城市规划、建筑设施、自动化工厂、机械设备、交通工具，小至家具、服装、文具以及盆、杯、碗筷之类各种生产与生活所联系的物品，在设计和制造时都必须把"人的因素"作为一个首要的条件来考虑。

　　设计的主体是人，设计的使用者和设计者也是人，因此人是设计的中心和尺度。我国古代著名思想家墨子所说的"衣必常暖，而后求丽，居必常安，而后求乐。李砚祖先生认为："什么是好的设计？处于技术水平、市场需要、美学趣味等条件不断变化的今天，很难有永恒评判的标准。但有一点则是不变的，那就是设计中对人的全力关注，把人的价值放在首位。正如美国当代设计家德雷福斯所说的："要是产品阻滞了人的活动，设计便告失败；要是产品使人感到更安全、更舒适、更有效、更快乐，设计便成功了。"

　　中国是一个人口大国，一些城市已经进入到老龄社会，特别是最新统计我国已有6000万的残疾人口，面对这样的弱势群体，必须要考虑他们的生活和工作的无障碍化，保证此类人群的基本生活质量。在室内设计中，应考虑建筑物的出入口、地面、电梯、扶手、公共厕所、浴室、房间、标志、柜台、盲道等设置残疾人可使用的相应的设施和方便残疾人通行的无障碍设施。特别是公共设施中，尤其是商业建筑，要按面积大小实现不同等级的无障碍设计，建筑面积大于1500m²的大中型商业建筑要为残疾人、老年人提供专用停车场、厕所、电梯等设施，并应贯彻安全、适用、经济、美观的设计原则。在机场、火车站等地，无障碍设施、服务更应完善。

4.3.7　国际通用的无障碍设计标准

4.3.7.1　无障碍出入口

1. 无障碍出入口类别

（1）平坡出入口。

（2）同时设置台阶和轮椅坡道的出入口。

（3）同时设置台阶和升降平台的出入口。

2. 无障碍出入口的规定

（1）出入口的地面应平整、防滑。

（2）室外地面滤水篦子的孔洞宽度不应大于15mm。

（3）同时设置台阶和升降平台的出入口宜只应用于受场地限制无法改造坡道的工程。

（4）除平坡出入口外，在门完全开启的状态下，建筑物无障碍出入口的平台的净深度不应小于1.50m。

（5）建筑物无障碍出入口的门厅、过厅如设置两道门，门扇同时开启时两道门的间距不应小于1.50m。

（6）建筑物无障碍出入口的上方应设置雨篷。

3. 无障碍出入口的轮椅坡道及平坡出入口的坡度规定

（1）平坡出入口的地面坡度不应大于1:20，当场地条件比较好时，不宜大于1:30。

（2）同时设置台阶和轮椅坡道的出入口，轮椅坡道的坡度见规范有关规定。

4.3.7.2　无障碍通道、门

1. 无障碍通道的宽度规定

（1）室内走道不应小于1.20m，人流较多或较集中的大型公共建筑的室内走道宽度不宜小于1.80m。

（2）室外通道不宜小于1.50m。

（3）检票口、结算口、轮椅通道不应小于900mm。

2. 无障碍通道的规定

（1）无障碍通道应连续，其地面应平整、防滑、反光小或无反光，并不宜设置厚地毯。

（2）无障碍通道上有高差时，应设置轮椅坡道。

（3）室外通道上的雨水箅子的孔洞宽度不应大于15mm。

（4）固定在无障碍通道的墙、立柱上的物体或标牌距地面的高度不应小于2.00m；如小于2.00m时，探出部分的宽度不应大于100mm；如突出部分大于100mm，则其距地面的高度应小于600mm。

（5）斜向的自动扶梯、楼梯等下部空间可以进入时，应设置安全挡牌。

3. 门的无障碍设计规定

（1）不应采用力度大的弹簧门并不宜采用弹簧门、玻璃门；当采用玻璃门时，应有醒目的提示标志。

（2）自动门开启后通行净宽度不应小于1.00m。

（3）平开门、推拉门、折叠门开启后的通行净宽度不应小于800mm，有条件时，不宜小于900mm。

（4）在门扇内外应留有直径不小于1.50m的轮椅回转空间。

（5）在单扇平开门、推拉门、折叠门的门把手一侧的墙面，应设宽度不小于400mm的墙面。

（6）平开门、推拉门、折叠门的门扇应设距地900mm的把手，宜设视线观察玻璃，并宜在距地350mm范围内安装护门板。

（7）门槛高度及门内外地面高差不应大于15mm，并以斜面过渡。

（8）无障碍通道上的门扇应便于开关。

（9）宜与周围墙面有一定的色彩反差，方便识别。

4.3.7.3 无障碍楼梯

无障碍楼梯应符合下列规定：

（1）宜采用直线形楼梯。

（2）公共建筑楼梯的踏步宽度不应小于280mm，踏步高度不应大于160mm。

（3）不应采用无踢面和直角形突缘的踏步。

（4）宜在两侧均做扶手。

（5）如采用栏杆式楼梯，在栏杆下方宜设置安全阻挡措施。

（6）踏面应平整防滑或在踏面前缘设防滑条。

（7）距踏步起点和终点250～300mm宜设提示盲道。

（8）踏面和踢面的颜色宜有区分和对比。

（9）楼梯上行及下行的第一阶宜在颜色或材质上与平台有明显区别。

4.3.7.4 无障碍台阶

台阶的无障碍设计应符合下列规定：

（1）公共建筑的室内外台阶踏步宽度不宜小于300mm，踏步高度不宜大于150mm，并不应小于100mm。

（2）踏步应防滑。

（3）三级及三级以上的台阶应在两侧设置扶手。

（4）台阶上行及下行的第一阶宜在颜色或材质上与其他阶有明显区别。

4.3.7.5　无障碍扶手

（1）无障碍单层扶手的高度应为 850～900mm，无障碍双层扶手的上层扶手高度应为 850～900mm，下层扶手高度应为 650～700mm。

（2）扶手应保持连贯，靠墙面的扶手的起点和终点处应水平延伸不小于 300mm 的长度。

（3）扶手末端应向内拐到墙面或向下延伸不小于 100mm，栏杆式扶手应向下成弧形或延伸到地面上固定。

（4）扶手内侧与墙面的距离不应小于 40mm。

（5）扶手应安装坚固，形状易于抓握。圆形扶手的直径应为 35～50mm，矩形扶手的截面尺寸应为 35～50mm。

（6）扶手的材质宜选用防滑、热惰性指标好的材料。

4.3.7.6　无障碍客房

无障碍客房设计主要涉及以下内容：

（1）防护。如地面应当选用防滑材料，以防残疾人跌倒损伤；又如厕所门上要装护门板，以免轮椅的脚踏板碰坏门；在选择地面材料时，不仅要考虑它的摩擦系数，还要综合考虑软硬度、弹性、颜色、光泽等因素，以颜色较深、不反光、质感强、弹性适中为宜。

（2）布局。大门设低位猫眼、低位门锁，厕所设于路旁，出入方便。洗脸盆的盆体宜采用薄型，以使轮椅扶手可以进入洗脸盆的下部空间。卫生器具的安装位置和高度要合理，便器两侧都应留有便于轮椅接近的空间。卫生间里，除了传统的低位马桶装置，镜子也不是垂直挂在墙壁上的，而是与墙壁成 30°角斜挂，让残疾人照镜子更加方便。

（3）辅助。在卫生器具周围安装扶手，扶手的位置要合适、连接要牢固。如，小便器周围的扶手设置：为防止身体左右晃动，可在腰部高度处设左右扶手；为防止身体前倾，可在胸部高度处设前端扶手。此外，在更衣室和淋浴室内，考虑到残疾人更衣和沐浴时可能遇到的困难，应当在更衣箱边上和部分淋浴站位边上设置扶手，扶手与墙的连接务必牢固。考虑到残疾人不慎滑动时撞击扶手造成伤害，制作扶手的材料应当软硬适中、有一定弹性和摩擦阻力。为了握牢，扶手应稍微细些。在浴缸一端应设置同浴缸高度相同的平台，宽度与浴缸宽度相等，长度 300～500mm，以利于残疾者从轮椅移入浴缸。

（4）方便。在床头设置窗帘开关按钮，床要较一般的矮，水龙头开关应便于操作，可采用脚踏式、长柄式、感应式等。在房间的衣柜里配有残疾人随手可拿的防毒面具、手电等，遇到危险和特殊情况时可以方便取用。

（5）呼救。在床头设应急呼叫按钮，厕所内应设紧急呼救按钮。

（6）指示。房间应标示明确，特别应设置方便盲人寻找的导盲板和盲人标牌。厕所门上应设置能反映厕所使用状态的标示（"使用中"等字样）。

（7）通畅。卫生间室内外的地面高差不得大于 20mm，方便残疾人和残疾车顺利通过。

（8）尺度。门扇开启的净宽不得小于 0.8m，以方便残疾车通过。厕所内应留有 1.50m × 1.50m 的轮椅回转空间。

图 4-16　无障碍设计坡道

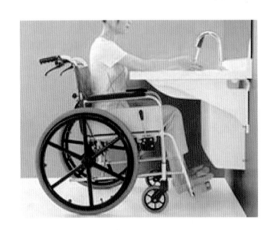

图 4-17　无障碍设计卫生间

附录：装饰设计常用基本尺寸：

1. 墙面尺寸

（1）踢脚板高：80～200mm。

（2）墙裙高：800～1500mm。

（3）挂镜线高：1600～1800（画中心距地面高度）mm。

2. 餐厅

（1）餐桌高：750～790mm。

（2）餐椅高：450～500mm。

（3）圆桌直径：2 人 500mm，3 人 800mm，4 人 900mm，5 人 1100mm，6 人 1100～1250mm，8 人 1300mm，10 人 1500mm，12 人 1800mm。

（4）方餐桌尺寸：2 人 700mm×850mm，4 人 1350mm×850mm，8 人 2250mm×850mm。

（5）餐桌转盘直径：700～800mm。餐桌间距：（其中座椅占 500mm）应大于 500mm。

（6）主通道宽：1200～1300mm。内部工作道宽：600～900mm。

（7）酒吧台高：900～1050mm，宽 500mm。

（8）酒吧凳高：600～750mm。

3. 商场营业厅

（1）单边双人走道宽：1600mm。

（2）双边双人走道宽：2000mm。

（3）双边三人走道宽：2300mm。

（4）双边四人走道宽：3000mm。

（5）营业员柜台走道宽：800mm。

（6）营业员货柜台：厚600mm，高800～1000mm。

（7）单背立货架：厚300～500mm，高1800～2300mm。

（8）双背立货架：厚600～800mm，高1800～2300mm。

（9）小商品橱窗：厚500～800mm，高400～1200mm。

（10）陈列地台高：400～800mm。

（11）敞开式货架：400～600mm。

（12）放射式售货架：直径2000mm。

（13）收款台：长1600mm，宽600mm。

4. 饭店客房

（1）标准面积：大25m²，中16～18m²，小16m²。

（2）床：高400～450mm，床宽850～950mm。

（3）床头柜：高500～700mm，宽500～800mm。

（4）写字台：长1100～1500mm，宽450～600mm，高700～750mm。

（5）行李台：长910～1070mm，宽500mm，高400mm。

（6）衣柜：宽800～1200mm，高1600～2000mm，深500mm。

（7）沙发：宽600～800mm，高350～400mm，背高1000mm。

（8）衣架高：1700～1900mm。

5. 卫生间

（1）卫生间面积：3～5m²。

（2）浴缸长度：一般有三种：1220mm、1520mm、1680mm；宽：720mm，高：450mm。

（3）坐便器：750mm×350mm。

（4）冲洗器：690mm×350mm。

（5）盥洗盆：550mm×410mm。

（6）淋浴器高：2100mm。

（7）化妆台：长1350mm，宽450mm。

6. 会议室

（1）中心会议室客容量：会议桌边长：600mm。

（2）环式高级会议室客容量：环形内线长700～1000mm。

（3）环式会议室服务通道宽：600～800mm。

7. 交通空间

（1）楼梯间休息平台净空：等于或大于2100mm。

（2）楼梯跑道净空：等于或大于2300mm。

（3）客房走廊高：等于或大于2400mm。

（4）两侧设座的综合式走廊宽度：等于或大于2500mm。

（5）楼梯扶手高：850～1100mm。

（6）门的常用尺寸：宽850～1000mm。

（7）窗的常用尺寸：宽400～1800mm（不包括组合式窗）。

（8）窗台高：800～1200mm。

8. 灯具

（1）大吊灯最小高度：2400mm。

（2）壁灯高：1500～1800mm。

（3）反光灯槽最小直径：等于或大于灯管直径两倍。

（4）壁式床头灯高：1200～1400mm。

（5）照明开关高：1000mm。

9. 办公家具

（1）办公桌：长1200～1600mm，宽500～650mm，高700～800mm。

（2）办公椅：高400～450mm，长×宽：450mm×450mm。

（3）沙发：宽600～800mm，高350～400mm，背面1000mm。

（4）茶几：前置型：900mm×400mm×400mm（高）；中心型：900mm×900mm×400mm、700mm×700mm×400mm；左右型：600mm×400mm×400mm。

（5）书柜：高1800mm，宽1200～1500mm；深450～500mm。书架：高1800mm，宽1000～1300mm，深350～450mm。

10. 家具设计的基本尺寸（单位：cm）

（1）衣橱：深度一般60～65，推拉门70，衣橱门宽度40～65，推拉门75～150，高度190～240。

矮柜：深度35～45，柜门宽度30～60。

（2）电视柜：深度45～60，高度60～70。

（3）单人床：宽度90，105，120；长度180，186，200，210。

双人床：宽度135，150，180；长度180，186，200，210。

圆床：直径186，212.5，242.4（常用）。

（4）室内门：宽度80～95，医院120。高度190，200，210，220，240。厕所、厨房门：宽度80，90。高度190，200，210。

（5）窗帘盒：高度12～18；深度单层布12；双层布16～18（实际尺寸）。

（6）沙发：单人式：长度80～95，深度85～90；坐垫高35～42；背高70～90。

双人式：长度126～150；深度80～90。

三人式：长度175～196；深度80～90。

四人式：长度232～252；深度80～90。

（7）茶几：小型，长方形：长度60～75，宽度45～60，高度38～50（38最佳）。

中型，长方形：长度120～135；宽度38～50或者60～75。

正方形：长度75～90，高度43～50。

大型，长方形：长度150～180，宽度60～80，高度33～42（33最佳）。

圆形：直径75，90，105，120；高度：33～42；方形：宽度90，105，120，135，150；高度33～42。

（8）书桌：固定式：深度45～70（60最佳），高度75；活动式：深度65～80，高度75～78；书桌下缘离地至少58；长度：最少90（150～180最佳）。

（9）餐桌：高度75～78（一般），西式高度68～72，一般方桌宽度120，90，75；长方桌宽度80，90，105，120；长度150，165，180，210，240；圆桌：直径90，120，135，150，180。

（10）书架：深度25～40（每一格），长度60～120；下大上小型下方深度35～45，高度80～90；活动柜及顶高柜：深度45，高度180～200。

（11）木隔间墙厚：6～10；内角材排距：长度（45～60）×90。

本 章 小 结

本章主要讲述了人体工程学在室内环境中的应用。包括人体基本的应用尺寸；人体基本尺寸与室内环境之间的关系；人体工程学在几种主要类别的室内空间中的应用，以及环境对心理的影响，从而更好地进行室内空间的设计。

思考题与习题

1. 学习室内人体工程学的意义。

2. 在公共空间设计中如何解决私密性与尽端趋向的问题？

3. 简述领域性与人际距离在室内设计中的应用，并举例说明。

4. 简述人体工程学在家居设计中应注意的问题。

5. 简述人体工程学在餐饮及酒吧设计中的应用。

6. 简述人体工程学在办公空间及展示空间中的应用。

7. 环境行为的空间分布包括哪些方面？简述空间分布图形、分布规律、空间状态和空间尺度、空间设计概念和空间组合。

第 5 章　室内空间的采光与照明

学习目标：

　　1. 通过对本章的学习，了解照明的分类及其特点。
　　2. 掌握照明的设计程序和设计的基本要素。
　　3. 学会照明器具的选择和布置方法。

学习重点：

　　1. 掌握照明的设计程序和设计的基本要素。
　　2. 懂得照明的功能划分及各种空间的照明设计知识。

学习建议：

　　了解照明的功能及分类，按照学习重点有计划地学习，逐步掌握设计方法及规律，并通过实训课题的训练，提高自己的设计能力。

5.1　照明的基础知识

　　光照是人类认识世界改造世界的必备条件，有了光，人们可以看见世界，改造世界，没有光的日子就是休息的日子，当然我们也可以通过调整和改造照明来补充自然光的时间和空间缺陷。可以将采光分为天然采光和人工照明两大部分。

　　天然采光是指通过门、窗等建筑构件获取室外光线。人工照明是指使用器具确保室内空间的明亮，人工照明又可分为明视照明和装饰照明。

　　天然采光在数量和质量上往往受到限制，且难以控制，而人工照明则由于其高效、易控、可靠等优点，因此被广泛地使用。在许多空间中，人工照明已成为照明的主流手段，特别是在大型商场和大型办公楼中。正是因为人工照明如此普及，我们现在对于应用自然光这种重要光源的经验仍然很少，几乎到了忽略它的地步。在强调可持续发展的今天，这是不应该的，我们急需补上这一课。

　　在室内设计中，装饰照明表现一定的装饰内容、空间格调和文化内涵。

　　学习室内照明设计，必须掌握一些电光源、灯具、照明方式、照度标准、照明质量等相关的知识。

5.1.1　光源和灯具的分类及命名

　　1. 光源的分类

　　室内常用的光源是白炽灯、荧光灯、卤钨灯这三种，把它们和各种各样的遮光体结合就组成了各式各样的漂亮的灯具。白炽灯是指由通过电流加热达到白炽状态的物体发出的光源。荧光灯是指由放电产生的紫外线辐射所激发的荧光物质发光的放电灯。卤钨灯是以一定的比率封入碘、溴等卤族元素或其他化合物的充气灯泡（图5-1）。

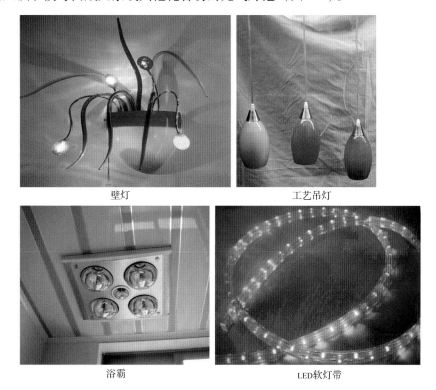

壁灯	工艺吊灯
浴霸	LED软灯带

图5-1　灯具

2. 光源型号命名方法

各类电光源的命名。一般由三部分组成：第一部分为汉语拼音首字母，表示光源特征或名称；第二、三部分一般由数字组成，表示光源的额定工作电压和额定电功率。

如型号为：PZ220—40，代表普通照明灯泡，额定工作电压220V，额定电功率40W。如型号为：T—40，代表筒灯，额定电功率40W。

3. 装饰灯具图例

装饰灯具在室内设计中以具体的图例表达，见表5-1。

表5-1　灯具图例

序号	图例	名称	序号	图例	名称
1		壁灯、床头灯	3		筒灯
2		吸顶灯	4		石英灯

（续）

序号	图　例	名　称	序号	图　例	名　称
5		浴霸	7		吊灯
6		镜前灯	8		工艺吊灯

注：灯具图例在制图中有一定的标准，可以进行美化，但是在灯具图或者顶面图上必须有示意图，本图例是经过美化后的。

5.1.2　室内照明的基本概念

1. 灯光效率

灯具的效率是指在规定条件下测得的灯具所发射的光通量值与灯具内的所有光源发出来的常用的光通量的测定值之比值。白炽灯和日光灯有不同的光效，白炽灯的光效约为10Lm/W，日光灯的光效约为40Lm/W。

2. 照度

照度是反映光照强度的一种单位，其物理意义是照射到单位面积上的光通量（用流明Lm做单位），简单说，照度就是每平方米上的流明数（Lm），也叫做勒克斯（lx）：$1lx = 1Lm/m^2$。

上式中，Lm是光通量的单位，为了对照度的量有一个感性的认识，下面举例进行计算，一只100W的白炽灯，其发出的总光通量约为1200Lm，若假定该光通量均匀地分布在一个半球面上，则距该光源1m和5m处的光照度值可分别按下列步骤求得：

半径为1m的半球面积为$2\pi \times 1^2 m^2 = 6.28m^2$，

距光源1m处的光照度值为：$1200Lm/6.28m^2 = 191lx$。

同理，半径为5m的半球面积为：$2\pi \times 5^2 m^2 = 157m^2$，

距光源5m处的光照度值为：$1200Lm/157m^2 = 7.64lx$。

一般情况：夏日阳光下为100000lx；阴天室外为10000lx；室内日光灯为100lx；距60W台灯60cm桌面为300lx；电视台演播室为1000lx；黄昏室内为10lx；夜间路灯为0.1lx；烛光（20cm远处）10~15lx，照度见表5-2。

表5-2　照度参考表

天　气	照度/lx	室内场所	照度/lx
晴天	30000~300000	生产车间	10~500
阴天	3000	办公室	30~50
日出日落	300	餐厅	10~30
月圆	0.3~0.03	走廊	5~10
星光	0.0002~0.00002	停车场	1~5
阴暗夜晚	0.003~0.0007		

国家的照度标准是根据经济和电力发展水平制定和颁布的各种工作面上的照度值。民用建筑照度标准可参见JGJ16—1983《建筑电气设计技术规程》中的规定，或参考表5-3~表5-7。

表 5-3　住宅照明的照度（白炽灯）推荐值

场　所		照度参考值/lx	照明灯具	白炽灯容量/W
起居室	一般活动	30～50～70	下射灯、吸顶灯、壁灯	40～60（吊灯）
	看电视	10～15～20		15（筒灯）
	书写、阅读	150～200～300		60～100（台灯）
卧室	一般活动	20～50	吸顶灯、壁灯、台灯	60（吊灯）
	床头阅读	75～100～150		100～150（台灯）
	化妆	200～300～500		
书房	书写、阅读	150～200～250	吸顶灯、台灯	100～150（台灯）
儿童房	一般活动	30～50	壁灯、台灯、吸顶灯	60（吊灯）
	书写、阅读	200～300～500		60（台灯）
餐厅	一般活动	30～50～70	白炽灯、射灯	40～60（吊灯）
	就餐	50～70～100		60～100（吊灯）
厨房		50～70～100	下射灯、吸顶灯	60～100（吸顶灯）
卫生间	一般活动	20～50	吸顶灯、镜前灯	25（吸顶灯）
	洗澡化妆	50～100～150		40～60（壁灯）
楼梯间及走廊		15～30	吸顶灯、筒灯	25（吸顶灯、筒灯）

注：本推荐值以净高为 2650mm 的住宅空间为标准。

表 5-4　科教、办公建筑最低照度参考值

序　号	房 间 名 称	最低标准/lx
1	厕所、盥洗间、楼梯间；通道	5～10
2	小门厅、库房	10～20
3	中频机室、空调机房、调压室	20～50
4	食堂、传达室、电梯机房	30～75
5	校办工厂	30～75
6	录像编辑、外台接收、厨房	50～100
7	医务室、准备室、接待室、书库、目录室、借阅室、教室、实验室、教研室、阅览室、办公室、会议室	5～150
8	装订室、报告厅、电话机房	100～200
9	设计室、绘图室、打字室、电子计算机房、室内体育馆	150～300

表 5-5　办公楼照度标准推荐值

序　号	场　所	照度标准值/lx
1	室内事故用楼梯	30～50～75
2	茶室、休息室、值班室、更衣室、仓库、正门（台阶）	75～100～150
3	洗衣房、开水房、浴室、走廊、楼梯、洗脸室、厕所	100～150～200
4	书库、工作室、金库、电气室、礼堂、机械室、电梯间	150～200～300
5	集会室、接待室、等候室、食堂、厨房、文娱室、体育室、守卫室、电梯厅、门厅（晚上）	200～300～500
6	办公室、职员室、会议室、印刷室、电话交换室、电子计算机室、控制室、诊疗室、传达室	300～500～750
7	电气室和机械室的配电盘、仪表盘	300～500～750
8	办公室（精细）、营业室、设计室、制图室、门厅（白天）	750～1000～1500
9	设计、制图、打字、计算、按键穿孔	750～1500～2000

表5-6　国内旅馆照度标准

场所或作业类别		照度标准值/lx	备　　注
客房	卫生间	50～75～100	
	会客间		
梳妆台镜前		150～200～300	1.5m高处镜前垂直照度
主餐厅		50～70～100	
西餐厅、酒吧间、咖啡厅、舞厅		30～50～75	宜设调光装置
大宴会厅、大厅、休息厅		150～200～300	
		75～100～150	
总服务台、主餐厅、外币兑换柜台		150～200～300	
客房服务台、酒吧柜台		50～75～100	
理发		75～100～500	
美容		200～300～500	
邮电		75～100～150	
健身房、器械室、蒸汽浴室、游泳池		30～50～75	
浴室（一般旅馆）		20～30～50	
游艺厅		50～75～100	
台球		150～200～300	台面照度
保龄球		100～150～200	地面照度
开水间		15～20～30	
厨房		100～150～200	食品准备、烹调配餐取高值
洗衣房		100～150～200	
小卖部		100～150～200	
小件寄存处		30～50～75	

表5-7　一般商店建筑照明的照度标准　　　　　　（单位：lx）

序　号	类　　别	参　考　平　面	照度标准值
1	一般区域	0.75m水平面	75～100～150
2	柜台	柜台面上	100～150～200
3	货架	垂直面	100～150～200
4	陈列柜、橱窗	货物所处平面	200～300～500
5	室内菜市场营业厅	0.75m水平面	50～75～100
6	自选商场营业厅	0.75m水平面	150～200～300
7	试衣室	试衣位置高处垂直面	150～200～300
8	收款处	收款台面	150～200～300
9	库房	0.75m水平面	30～50～75

注：表中数据见《建筑灯具与装饰照明手册》陈小丰编著，中国建筑工业出版社2000年出版。

3. 灯光源的颜色特性

（1）灯光源的颜色。作为照明光源，除了要求高的发光效率外，还要求它发出的光具有良好的颜色，光源的颜色有两方面的含义：一是指人眼直接观察光源时所看到的颜色，称为光源的色表；二是指光源的光照射到物体上所产生的客观效果。

（2）光源的显色性。人工光源照射到物体上时能确定物体色的可见度的特性，称为这个光源的显色性。如果各色物体受照射的效果和标准光源（黑体或标准昼光）照射时一样，则认为该光源的显色性好（显色指数高）；反之，如果物体在受照后颜色失真，则该光源的显色性差（显色指数低）。光源的显色性，取决于光源的光谱能量分布，对有色物体的颜色外貌有显著影响，国际照明委员会（CIE）用一般显色指数 Ra 作为表示光源显色性能的指标，Ra 的理论最大值是100。住宅、旅馆、餐厅等场所常使用显色指标 $Ra \geq 90$。

（3）色温。当黑体加热到某一温度时所发生的光色与给定的光源的颜色相同，这时，黑体的温度就是光源的颜色的温度，简称色温（K表示绝对温度）。

一般情况下，色温值大于5000K的为冷色温。如荧光灯、白昼光。色温值在3300～5000K为中间色温；色温值小于3300K为暖色温，如白炽灯光源。低色温的光在较低的照度下使人感到愉快，而在高照度下则使人感到过于刺激；高色温的光在低照度下使人感到阴沉昏暗，而在高照度下则感到愉快。

4. 眩光及控制眩光

（1）眩光。人脑把进入眼睛的光刺激转化为整体经验的过程称为视知觉。它是对客观事物的整个形象的反映。在视野内由于光的亮度分布或亮度范围不适当，或在空间上时间上亮度对比悬殊，以致引起眼睛不舒适或降低观察能力的现象称为眩光。它是一种视觉条件，不是光线。如果光源、灯具、窗子和其他区域的亮度比室内一般环境的亮度高得多，人们就会感受到眩光。

（2）灯具产生眩光的主要因素

1）光源的亮度和大小。

2）光源在视野内的位置、观察者的视线方向。

3）照度水平和房间表面的反射比等诸多因素。

其中光源（灯或窗子）的亮度是最主要的。

（3）控制不舒适眩光。眩光产生不舒适感，严重的还会损害视觉功效，所以工作房间必须避免眩光干扰。避免的办法是降低光源的亮度、移动光源位置和隐蔽光源，当光源处于眩光区之外，即在视平线上45°之外，眩光不严重，见图5-2。

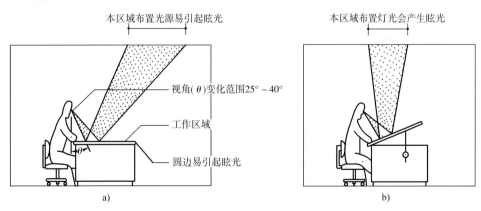

图5-2 产生眩光的范围

原则上，在工厂、办公楼、学校、医院等照明场合，要严格控制眩光；而在舞厅、酒吧、客厅里，则可以用适当的眩光来制造气氛照明。

5. 照度分布与亮度分布的要求

（1）照度均匀度。为使工作面照度处于比较均匀的状态，要求做到：

1）局部工作面的照度值不大于平均值的25%。

2）一般照明中的最小照度与平均照度之比规定在0.7以上。

（2）光亮度。光源在某一方向上的单位投影面在单位立体角中发射的光通量称为光源在某一方向的光亮度。一个普通的白炽灯泡和一个磨砂玻璃灯泡，即使它们的发光强度相同，但在视觉上产生的明亮程度是不同的。

（3）亮度对比。在视野内的目标和背景的亮度差与背景亮度或目标亮度之比称为亮度对比。要创造一个良好的、使人感到舒适的室内照明环境，就需要亮度分布合理和室内各个面的反射比选择适当，照度的分配也应与之相配合。

一般情况下，由于人的视线不是固定的，经常由此及彼、如果室内亮度分布变化过大，就会引起视觉器官的疲劳和不愉快感。但是，在以气氛照明为主的环境，有时却需要用变化亮度的方法来改变室内单调的气氛。如会议桌照度与周围相差很大，反而会形成"中心感"的效果等。

5.2　室内自然光的利用

自然光的利用能减少能耗，节约资源，而且也更多考虑了自然景观与室内环境设计的融合。因此，在"人性化"理念指导下，如何尽可能地、最大限度地利用自然光，满足人们的心理需求，已成为现代设计的主流。

室内自然光的利用是指在室内采用自然光。自然光包括日光、天光和环境光，实际上夜晚的月光和星光也属自然光范围。

室内环境设计的好坏与采光是密切相关的。明亮使人兴奋、喜悦；黑暗使人恐惧、灰心丧气。室内采自然光，有时在建筑设计中完成，有时则由室内设计师独立完成，有时则需二者配合完成。常见的采光方式有窗式采光、玻璃幕墙采光、玻璃顶棚采光及落地玻璃墙采光。

5.2.1　窗式采光

通常室内采用自然光，主要是依靠窗户来采光，所以称为窗式采光。这种采光形式广泛应用于住宅、办公室、客房及公共场所等（图5-3），这种采光模式的进光多少受到窗户大小的限制。

5.2.2　玻璃幕墙采光

玻璃幕墙又称单反玻璃，在建筑中它既可作为室内采光，又可作为建筑的墙体装饰。从建筑美学来看，将天空的云彩与街道风光映于单反玻璃中，是现代建筑与现代室内采光的一个重要形式和特征（图5-4）。

图5-3　会议室自然采光

图5-4　玻璃幕墙采光

5.2.3 玻璃棚采光

采用玻璃或其他透明材料作顶棚，进行全顶棚、局部顶棚、倾斜顶棚进光，使室内各区域的共享空间同时采光。它广泛应用于门厅，办公室、图书馆、医院、学校及商业城或展览厅的进门或走廊处等现代建筑中（图5-5）。

5.2.4 落地玻璃墙采光

为了让优美的自然风光或场景融入室内，往往采用大玻璃墙采光的形式。落地玻璃墙既可采光，又可让路人看到室内空间。它被广泛应用于门厅、银行、商场、餐厅及大酒店的门面等商业场所，对于私密性强的空间不是很适合，如果用在私密性强的空间可用反射玻璃。

在现代室内装饰中，大型钢化玻璃的出现和工艺技术的进步，使现代装饰出现了更多的采光方式。自然光与人工光相比，自然光显得更为舒适、自然、经济。因此，应该更多地提倡使用自然光（图5-6）。

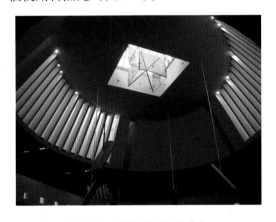 

图5-5 玻璃天棚自然采光　　　　　　　　　图5-6 住宅自然采光

5.3 人工光照明设计

人工光照本来是对自然光照的一种补充，在光照度不够的空间加以应用，但是近年来的建筑空间愈来愈庞大，靠自然光照已经无法满足空间功能照明要求，人工光照已经成为照明的主要手段——无论黑夜、白昼。

人工照明的主要光源是灯具，随着生活水平的不断提高，照明也成为追求时尚和美的手段之一。照明在满足空间光照度之外，也可以通过装饰灯具来满足空间美的需求。

5.3.1 室内装饰灯具

所谓装饰灯具，简单的说就是带有装饰性功能的灯具，装饰灯具与照明灯具既有相同之处，也有不同之处，相同之处是装饰灯具也起一定的照明作用，不同之处是装饰灯具将普通灯具艺术化，从而达到预期的装饰效果。在室内陈设中，灯具既有实用性，又起装饰性作用。选用灯具的时候，一定要与室内装饰格调统一，灯具设计的重点放在支架上或灯罩上，运用对比、韵律等构图原则，对基本形体加以改造，演变成千姿百态的形式，形成新颖独特的艺术灯具，在室内设计中起到画龙点睛的作用（图5-7）。装饰灯具从使用功能上主要分为两大类：固定式和移动式。

1. 固定式装饰灯具的应用

固定式装饰灯具就是在各类室内带有装饰性的固定灯具，它不能随意移动位置。灯具的功率、结构不同，所起的作用也不同，有的作一般照明，有的作局部照明，有的作重点照明。

室内固定式装饰灯具主要有吊灯、吸顶灯、壁灯、霓虹灯等，这些灯具固定地安装在建筑物上，在艺术风格上与建筑物融为一体，使人们在建筑物中得到舒适的光照与艺术享受。

以下是各种灯具在不同场合的应用。

（1）吊式灯具。吊式灯具有吊花灯、伸缩吊灯、长杆吊灯及吊杆筒灯。

吊花灯是常见的一种照明兼装饰灯具，通常悬挂在酒店大堂或住宅客厅，给人一种豪华和高雅的感觉（图5-8）。它的照明面积较大，使用时应注意空间的匀称性。匀称性取决于空间和灯具的高度 h 以及灯具的最大直径 D，使用时参阅表5-8。

图5-7　装饰灯具体现室内风格　　　　图5-8　客厅吊灯体现高贵感觉

表5-8　不同层高的空间与吊灯造型

序　　号	层　　高	空　间　造　型	空　域　感
1	<3m	薄型	$h/D < 1/3$
2	3~4m	均匀型	$1/3 < h/D < 1$
3	>4m	厚型	$h/D > 1$

吊花灯光源为白炽灯或荧光灯。白炽灯光源的装饰性较强、体积小、光色好，以各式的灯罩获得不同的艺术效果，且以乳白色灯泡为佳。荧光灯光源的特点是光效高和寿命长，但显色性较差。在选择吊花灯时，应考虑室内空间的大小和层高及装饰风格，使人感觉协调舒适，宽敞而不拥挤。

伸缩吊灯常用于家庭餐台上方，以强调特殊的饮食环境（图5-9）。

图 5-9　餐厅吊灯

　　长杆吊灯常用于别墅和宾馆的楼梯弯角处，用来增加气氛，美化楼梯（图5-10）。

　　吊杆筒灯和吊杆石英射灯常用于餐厅、酒吧，用以增加气氛。

　　（2）吸顶灯具。吸顶灯的功能及光源与吊灯大致相仿，装饰性完全体现在所用的灯罩上，以图案设计优雅、光色柔和、造价便宜等取悦于众，常用于居室、走廊、厨房及层高较低空间。吸顶灯的一个灯罩内可装一个光源或多个光源，在大空间内也可选用多只光源的吸顶灯，将几只形状相同的单元组装在一个平面上，

图 5-10　楼梯上空的吊灯

形成一只较大的吸顶灯，可增大照明面积，提高装饰性。吸顶灯应四周都能发出均匀、柔和的光线，若光线太刺眼，会冲淡灯具的形态，若光线太暗，会产生压抑感（图5-11）。

图 5-11　吸顶灯

（3）壁灯。壁灯属于小型灯具，常作辅助光源，漂亮的壁灯能达到亦灯亦饰的双重效果。人们对壁灯的亮度要求不高，但对它的造型和装饰效果要求却较高。壁灯的光源功率不大，白炽灯小于60W，多用于厅、房的支柱或装饰面上，给人温馨之感（图5-12）。

图5-12　壁灯

（4）满天星。圣诞节或其他节日，为了让灯光与天棚艺术造型融为一体，常使用满天星装饰于树上、窗台以及酒店的飘棚，以营造节日气氛（图5-13）。

图5-13　满天星灯

（5）聚光灯。展览厅、橱窗、墙面壁画景点装饰，应以聚光灯（射灯、万向牛眼灯、导轨射灯等）进行直接照射，并配部分暗藏光作装饰。餐厅、咖啡厅、卧室的墙上，利用聚光灯（射灯、导轨射灯）从天棚上将光射向墙面，以反射光束为主，会产生特殊的装饰性效果（图5-14）。

（6）日光灯。日光灯是比较节约能源的光源，现在一般把日光灯进行规则的排列，形成带状称为光带，形成面状称之为灯盘，它能提供连续性的照明。

把日光灯装在半透明漫射材料与建筑结构之间，便形成了发光顶棚或发光墙板，它能提供模拟昼光照明的气氛。光带与光栅的光源布置于造型吊顶的叠级内或会议室、餐厅的顶棚内，顶棚内使用白漆涂刷所有表面，这样反射率可达 80% 左右，可提高光照效率，使其发出连续、均匀、柔和的漫射光。商场、办公室、候车室、银行、图书馆、演讲厅、居室中的厨房、书房等空间可采用光棚、光带作照明，并配置部分暖色调灯光（白炽灯）以调节冷暖关系（图 5-15）。

日光灯还有彩色的，一般用于娱乐性空间，如 KTV 空间、家庭的视听空间等，以增加娱乐气氛。彩色日光灯一般有紫色、蓝色、黄色、红色等，配合其他灯光的应用，可以渲染不同空间气氛。

图 5-14　聚光灯

（7）园林灯。园林灯也叫庭院灯，多用在公园庭院、别墅花园、凉亭、院墙、阳台及大门口。其装饰效果应与周围环境的风格协调一致，才能对环境气氛起衬托作用，光源一般为 25W、40W 的白炽灯，一方面作为夜间照明，另一方面美化环境，给人以亲切温暖的感觉，使人犹如置身于大自然之中（图 5-16）。

图 5-15　光带的应用

图 5-16　园林灯美化了夜色

（8）防水灯。很多喷水池可以用防水灯，以增加夜间水池的美感和水的动感，同时也可以分清水池和道路，起一定安全保护作用（图 5-17）。

2. 移动式装饰灯具的应用

（1）落地灯。落地灯属于辅助灯具，一般用暖色光，它有两个特点：一是可以移动，二是局部照明。落地灯的装饰性的关键在于灯罩和支柱，常用于宾馆大堂或客厅的沙发旁边，也有置于客房及住宅卧室床头边的，有光线向下、向上和向下又向上 3 种类型，从灯罩下沿口发出的光线，可以照亮局部区域，若光线从下向上照射，则多用于营造气氛（图 5-18）。

（2）台灯。台灯与落地灯的功能类似，一般也是用暖色光，它的装饰性也在于灯座和灯罩，多用于沙发旁的茶几上、宾馆大堂或住宅的写字台、床头柜及客房的 TV 柜上，以供阅读、看电视或装饰之用。今天，多姿多彩的台灯已成了家居装饰行列中的一员，给人们

图5-17　防水灯

图5-18　客厅落地灯

的生活增添了不少的乐趣（图5-19）。

（3）射灯。为了重点表现某些局部空间或者突出某件物体，我们一般使用射灯，它所发出来的光线集中在一定区域内，使该区域得到充分的照明。其特点是可以随意调节灯具的方位和投光的角度，尤其适合受照面必须经常变化的地方。射灯光源有3种：敞露式、透射式和反射式。敞露式射灯的光线散射在整个空间，照明效果较差，还会产生眩光，一般多采用透射式或反射式射灯，光线集中，聚光性强，受照面积可以调节。

在博物馆、展览厅或商店用一般射灯作定向照明，以增加展品、商品的吸引力，也可以普遍用于家庭装饰中，作为壁画、造型等的重点照明，尤其多用于家庭的酒柜或精品柜中，也常常用于创造强烈的光影效果，使空间更富立体感。射灯的光源常用卤钨丝、乳白泡、磨砂泡或涂铝反射泡，几乎不采用透明的白炽灯泡，还有的在灯泡上半部涂以水银反射膜，以使其能够聚光和提高光通量利用率（图5-20）。

图5-19　客厅台灯

图5-20　射灯打在墙面、画面上的效果

3. 霓虹灯的应用

霓虹灯已广泛应用在商业门面装饰中，近年来，霓虹灯也逐渐进入家庭生活，在客厅装上霓虹灯会使生活更加多姿多彩。霓虹灯照明主要有两种：艺术轮廓照明与广告照明。

（1）艺术轮廓照明。根据建筑特定的轮廓（如弧形窗户轮廓、顶棚造型、墙面艺术装饰等）：将霓虹灯管安装镶嵌在饰面上，突出轮廓，产生立体感。若与其他照明配合，使用霓虹灯暗藏于吊顶内，艺术效果会更强烈。

（2）广告照明。将霓虹灯弯曲成招牌字或形成一定的造型图案，作为室内的小型广告招牌。招牌框架可由不锈钢或铝合金型材精工制作，造型美观，招牌上内容针对性强，往往就是营业的内容。招牌上霓虹灯光色亮度要高，因为在室内有其他照明手段，光色暗就会显得十分平淡，起不到宣传作用。

室内广告招牌也大量用于商场广告招牌、酒吧间、展销厅等处的造型图案。

霓虹灯的工作电压与起动电压都比较高，电压起动时高达数千伏。

霓虹灯的优点是寿命长（可达15000h以上）、能瞬时起动、光输出可以调节、灯管可以做成各种形状（文字、图案等）。配上控制电路，能使一部分灯管放光的同时另一部分灯管熄灭，图案不断更换闪耀，吸引人们的注意力，起到明显的宣传作用。

霓虹灯的缺点是发光效率不及荧光灯具（大约是荧光灯具发光效率的 2/3），电极损耗也较大（图 5-21）。

图 5-21　霓虹灯在室内的应用

5.3.2　室内装饰照明设计

1. 住宅照明

艺术照明不但渲染了家居气氛，也点缀了装饰的艺术造型，当夜幕降临时，喧闹一天的城市，便进入了灯的世界，万家灯火，光彩夺目。灯饰在居室的整体包装中起到了画龙点睛的作用。住宅照明根据空间功能不同，选择不同的照明方式。

（1）客厅照明。客厅，又名起居室。看起来这两个名字并不相近，也不等同。实际上这两个房间也不是一回事。顾名思义，客厅是接待客人的地方，而起居室则是家人娱乐交流的地方，只不过在我们这里，尤其是目前大部分住宅设计中一般把这两种功能合二为一了。新中国成立以来，城镇住宅的客厅有一个从小到大的发展过程，这里就不再多说了。现代人并不热衷于在家中应酬，而是希望家是一个真正意义上的港湾，让家人在喧闹的城市中拥有一个安静的空间。所以，客厅（实际应该侧重于起居室）作为人们在家时逗留时间最长的场所，在进行照明设计和其他专业设计时不容忽视。客厅的功能较一般房间复杂，活动的内容也丰富，对于照明设计也要求有灵活、变化的余地。在人多时，可采用全面照明和均散光；听音乐时，可采用低照度的间接光；看电视时，座位后面宜有一些微弱的照明；读书时，可在右后上方设光源，能够避免纸面反光影响阅读；写字台上的光线最好从左前上方照射（30~40cm 高），在保证一定照度的同时避免手和笔的阴影遮住写字部位的光线。室内如有挂画、盆景、雕塑等可用投射灯加以照明，加强装饰气氛；书橱和摆饰可采用摆设的日光灯管或有轨投射灯；有一些高贵的收藏品如用半透明的光面板做衬景，里面设灯，会取得特殊的效果。在电气功能设置的合理性方面，客厅的照明开关应采用双控或多控调光开关，一处在玄关处，以便进出时方便开关，另一处在沙发附近，可以随时调节灯光。客厅必须安装应急灯，以备突然停电或发生电气故障时使用，如果配合视听设置的控制，音频、视频、电话等有关电子连接线，都预埋在沙发附近，将DVD、电脑键盘等必须用手操作的设备也置于附近（如茶几下）。这样就可以坐在沙发上换碟，炒股或接受远程教育，可谓方便之极。

客厅的主灯具要与天棚造型和装饰风格浑然一体，可选用吊灯、吸顶灯，按不同要求调整亮度。为了创造出温暖、热烈的气氛，应采用白炽灯作光源。若考虑明亮和经济，也可采用日光灯。为了营造气氛和情调，可在适当的位置装设款式新潮的台灯、落地灯、壁灯，以起辅助照明作用，也减弱厅内明暗反差。切忌为提高光照度而使整个天棚处处都光亮耀眼（图5-22）。

（2）餐厅照明。餐厅照明应能够起到刺激人的食欲的作用，在空间比较大、人比较多时设计照度高一些会增加热烈气氛；如果空间小、人又少，设计照度应低一些，营造一种幽雅、亲切的气氛；以我国目前的生活发展水平，单独设计餐厅尚未普及。国外的餐厅设计为了追求安静，常使灯光暗些；而我国在烹饪艺术方面，讲究色香味俱全，因此，要求灯光稍亮些。一般常用向下投射的吊灯，光源照射的角度，最好不超过餐桌的范围，防止光线直射眼睛。比如使用嵌顶灯或控罩灯。还应注意设置一定的壁灯，避免在墙上出现人的阴影（图5-23）。

图5-22　客厅灯光布置

图5-23　餐厅照明

（3）厨房照明。厨房一般较小，烟雾水气较多，应选用易清洗、耐腐蚀的灯具。厨房照明应简朴大方，除在天棚设置较高照度的吸顶荧光灯或光棚作照明外，在切菜配菜部位可设置辅助照明，光线柔和而明亮，利于操作。灶台上方一般利用抽油烟机内的白炽灯作照明。由于厨房多油污，不宜使用吊灯，可将灯光暗藏在柜内及柜底（图5-24）。

（4）门厅、楼梯、过道和阳台照明。门厅、楼梯、过道和阳台照明一般要求亮度均匀，照度对比不要太强烈，门厅一般设置低照度的灯光，可以采用吸顶灯、筒灯或壁灯；楼梯一般用暖色的灯光，体现一定的导向性；过道宜靠近墙体设置强度高的聚光灯，可以让过道不只是匆匆走过的空间，同时体现一定的美感（图5-25）。阳台是室内和室外的结合部，是家居生活接近大自然的场所，在夜间灯光又是营造气氛的高手，很多家庭的阳台装一盏吸顶灯了事，其实阳台可以安装吊灯、地灯、草坪灯、壁灯，甚至可以用活动的旧式煤油灯或蜡烛台，只要注意灯的防水功能就可以了。

（5）书房照明。书房的环境应文雅幽静，简洁明快。书桌面上的照明效果好坏直接影响学习的效率和眼睛的健康，可采取整体照明加局部照明的方式。整体照明可采用直接或半直接照明，局部照明可采用悬臂式台灯或调光艺术台灯，所需照度是环境照度的 3～5 倍（图 5-26）。

图 5-24　厨房照明　　　　　　　　　　　图 5-25　走道照明

图 5-26　书房照明

（6）卧室照明。卧室照明也要求有较大的灵活性，尤其是在目前一部分卧室兼作书房的情况下，更应有针对性地进行局部照明。睡眠时室内光线要低柔，可以选用床边脚灯；穿衣时，要求匀质光，光源要从衣镜和人的前方上部照射，避免产生逆光；化妆时，灯光要均匀照射，不要从正前方照射脸部，最好两侧也有辅助灯光。防止化装不均匀。如果摆设书柜，应有书柜照明和短时阅读照明。对于儿童卧室，主要应注意用电安全问题，电源插座不要设在小孩能摸着的地方，以免触电危险，较大孩子的书桌上，可以增设一个照明点，睡眠灯光要较成人亮些，以免孩子睡觉时怕黑或晚上起床时摸黑。卧室并不单纯是睡觉的地方，照明应以营造怡静、温馨的气氛为主，借助间接或漫射的手法，制造柔和、优美的灯光。把卧室创造成罗曼蒂克或富有魅力的小天地。

一般照明应避免产生眩光，可采用吸顶灯、小型吊灯、壁灯。局部照明可采用台灯、床头灯。若习惯坐在床上读书、看报，可在床头墙壁上方安装一只带开关的壁灯或聚光灯。灯具的位置应避免造成头影或手影，最好采用调光器，照明的范围不宜太大，以免影响他人休息。梳妆台灯具的照明范围小但照度高。在较大面积的卧室中，除了床头灯、镜前灯的局部照明外，在波浪形的吊顶上嵌上稀疏的低照度的牛眼射灯更富幻想（图 5-27）。

（7）浴室及卫生间照明。家庭浴室与盥洗室、厕所常集为一体，其照明应能显示环境的卫生和洁净，一般对照度要求不高，只要能看见东西就行了。常在屋顶设置乳白罩防潮吸顶灯，在洗脸架上放一个长方形条灯；如有化妆功能，可增设两个侧灯；淋浴房里一般有浴霸，浴霸一般具备 1 个照明灯、4 个取暖灯和通气扇。另在卫生间外门一侧设一脚灯，便于在夜间上厕所使用，这是基本的设置，我们也可以通过相似功能来完成照明需求，比如在洗脸盆上方的长方形条灯可以用灯带来代替（图 5-28）。

图 5-27　富有罗曼蒂克的氛围照明

图 5-28　卫生间照明

2. 办公楼

随着城市建设的不断扩大，各类现代办公楼不断涌现，在实际应用中，办公楼照明已成为直接影响办公效率的主要因素之一，因此越来越引起人们的高度重视。

办公楼主要由办公室、门厅、走廊、会议室以及相关的辅助用房等构成，其中办公室是办公空间的主体部分。无论是间隔式的还是敞开式的，豪华式的还是简易式的，办公空间都必须宽敞明亮、规整有序、照度充足（图 5-29）。

（1）光源与照明质量。现代办公室是由多种视觉作业所组成的工作环境，既包括手写稿、复印件、印刷品的观察、修改与起草，也包括复印机、打字机、计算机等办公设备的操作。因此，除了具有足够的照度之外，还必须为办公室提供一个舒适的、相对无眩光的和有效的照明条件。

图 5-29　办公室照明

办公室照明使用荧光灯与白炽灯，其中荧光灯多用于一般照明，白炽灯多用于局部照明。荧光灯具有：漫射型灯具、蝙蝠翼配光灯具、人字形配光灯具等，其中以蝙蝠翼配光灯具最理想。

（2）办公楼的照明。对办公楼的照明设计，并不提倡夸张的创意与设计，而是对一个实实在在的工作环境进行精心和科学的塑造。有时局部的照明灯光创意，可营造出大环境的新面貌。

1）门厅的照明。门厅是办公楼的进出口大厅，是接待宾客的地方，它象征着公司的形象，因此门厅的装修标准较高。从门厅的结构和风格考虑，照明灯饰可采用暖色调局部照明，创造出与室外相连的感觉的空间。

门厅以白天使用为主，白天有大量的天然光入射，因此必须了解天然光入射情况或从大厅内部观看时的亮度分布情况，以确定白天应该进行人工照明的场所与对象。由于它是通行之地，照明设计应更多地考虑垂直照度。垂直照度值应考虑进入门厅时或相反时眼睛的适应状态（图5-30）。

一般来说，人的脸部由于天然光的入射状况或门厅的种类、风格而不相同，但是必须达到能识别程度的照度。根据经验，即使在天然光影响小的门厅中，在背光的情况下脸部也需要150lx左右的照度值。

2）接待室的照明。接待室是接待宾客和洽谈的地方，也是展示产品和宣传公司形象的场所，照明宜使用冷暖结合的照明方式，对所展示的产品可进行投光处理，突出陈列区（图5-31）。

图5-30　办公楼门厅照明设计　　　　　　图5-31　产品陈列灯光设计

3）经理室照明。经理室是进行重要商谈与决策的地方，所以并不要求整个房间有均匀的照度，甚至过多照明还会引起厌烦。在照明上，应提供一个既使人感到舒服，又能激励人的气氛。

经理室往往有独具风格的大窗。在白天，靠窗的人的脸部表情难以看清，因此要增加垂直照度，使经理能看清室内每个人的脸部表情。

对经理办公桌要局部照明，照度值达到500lx以上（图5-32）。

4）会议室的照明。会议室的中心是会议桌，因此必须重视会议桌的照明，在会议桌区域，照度值要达到500lx，并要设法使桌子表面的镜面反射减到最小。应该注意的是不能将反射灯泡直接装在与会人员的头上，以避免下射光的直接照射。因为即使在反射灯泡的辐射热短期照射下，也会引起不舒适的感觉。另外，照明设计还应考虑会议室各种演示设备的应用问题，如黑板的照明，还有在播放投影仪、幻灯、录像、电影时，室内照明设备的调光问题等（图5-33）。

5）工作室的照明。工作室是办公之处，也是工作时间最长的地方，照明宜采用高照度、高反射的电子日光盘或是节能灯泡。

工作室的天棚，是室内照明灯具的主体，大面积照明的灯具均安装在天棚上。它所使用的灯具也比较简单，多数使用日光管盘和筒灯（图5-34）。

图 5-32　经理办公室照明设计　　　　　　　　　图 5-33　会议室照明

3. 餐饮照明

近年来，随着人民生活水平从温饱型向小康型转变，人们外出餐饮的消费需求迅速增长，人们到餐厅消费已不是为了果腹充饥，更多的是一种外出休闲。因此如何创造舒适、温馨的就餐环境，已成为室内设计师和餐厅管理者的关注焦点。在餐饮建筑的设计中，照明设计又是室内设计的重要部分，通过良好的照明设计可以创造出宜人的就餐气氛，使室内光环境与餐厅的菜系、风味、档次、风格相得益彰。现在，越来越多的餐饮店管理者已经认识到灯光是吸引顾客的重要手段。

（1）餐饮店的照明方式。照明方式包括：一般照明、分区一般照明、局部照明、混合照明四大类。餐厅照明主要采用一般照明、混合照明以及局部照明三种方式。

一般照明是对餐厅室内整体进行照明，不考虑局部照明，使就餐环境和餐桌面的照度大致均匀的照明方式，这是风格简洁、顾客群相对大众化的餐厅经常采用的照明方式。

混合照明，即由照度均匀的一般照明和针对就餐面的局部照明所组合而成的照明方式。这种照明方式层次感强，并形成一个只属于该桌客人的光照空间，经常用于中高档餐厅的照明设计中。

酒吧、咖啡厅的照明方式则采用局部照明，这是一种为了强调特定的目标而采用的照明方式，通常指某点或很小的面积。酒吧中照明可仅用于桌面和陈列展示部分，通过局部的重点照明将人们的视线吸引到有文化氛围和体现情调之处，从而形成视觉的趣味中心，以创造酒吧的自身个性（图 5-35）。

图 5-34　工作室照明设计　　　　　　　　　图 5-35　个性餐饮照明

（2）餐饮店的照度和亮度。在餐厅室内环境和餐桌台面上必须有足够的光照，才能满足顾客就餐的基本需求。国际照明委员会《室内工作场所照明》S008/E—2001 中建议，餐桌面照度以 200lx 为宜。我国《建筑照明设计标准》中则规定中餐厅 0.75m 水平面处照度不可低于 200lx，西餐厅不可低于 100lx。

一般来说，宴会厅的照度较高，能营造热烈庄重、金碧辉煌的氛围。快餐厅的照明也要充足，突出其明亮、简洁的空间特征。风味餐厅的照明就要比较适中，照度过高，一切清晰可见，众目睽睽之下，让人感到缺乏私密感；过低又不能满足人们的就餐需要，最好的办法就是按照功能区域，照度拉开梯度，餐桌面和展示空间照度可以高些，相反交通空间和过度空间照度可以低些。而酒吧的室内环境一定要暗，追求幽暗朦胧，静谧而充满神秘感的气氛，对灯光的运用要作到"惜光如金"，有的时候仅用烛光就可以达到它的照明要求，同时又体现了酒吧脱俗的情调。

4. 宾馆照明

现代宾馆的种类比较多，适合于形形色色的人群——商务类、旅游类、经济类、高档类，现代宾馆在功能上、艺术上以丰富的艺术想象创造明亮、舒适、令人愉快的环境。宾馆主楼分为客房、走廊、电梯、门厅、服务台等，按照不同类别来区分成几个不同空间；群楼按照不同类别可以分为入口大厅、餐厅、宴会厅、舞厅、商店、办公、康乐中心等不同的空间。在照明上有的侧重艺术照明，有的强调功能照明。

宾馆按使用的目的可区分为室外、室内、前厅、公共场所、客房和后厅等部门，它们的照明各有特点。

（1）室外照明。室外照明应创造一个良好的视觉印象，便于宾客识别，旅客从远处可看到发光招牌和建筑物立面照明。

（2）室内照明

1）前厅照明。前厅包括旅客从外部自由出入的进口前厅以及传达、办理住宿登记及收费等事务处理柜台，是外来客人产生第一印象的地方。宜采用吸顶筒灯，协调和谐、简洁明快、华而不眩，创造华丽优雅的温暖舒适环境。

为了使柜台显眼，柜台处的照度比较高。一般采用格片顶棚或发光顶棚，有时也可用吊灯照明，柜台上部要装指示事务内容的标志。

2）主厅照明。有的经济宾馆前厅和主厅合二为一，主厅是休息、等候、接待的场所，设有沙发与茶几和咨询处。主厅照明要有华丽感，一般采用直接照明，也可在中央悬挂巨型吊灯或水晶玻璃吊灯，显示出富丽堂皇的气派。主厅照明要采用壁灯或者投光类灯具将墙面照亮，使其更具开阔感。

3）餐厅照明。宾客餐厅主要供旅客使用，可以有宴会厅、西餐厅、咖啡座、酒吧间、风味餐厅等多种服务设施，因宾馆的等级不同而设置。因此人工照明也应有多种变化，以反映它们各自特点和风趣。

良好的照明手法，可以使顾客在明亮的气氛下舒适就餐。因此，餐厅的灯饰应结合装修的主体，不必过分追求豪华，以简洁、清新、淡雅情调为原则，富有多种变化，各显不同情趣（图5-36）。一般用嵌入式灯具加壁灯照明，或是用吸顶灯加壁灯照明。

宴会厅是重要社交场所，具有多功能性质。除举行各式高级宴会、演唱会、时装表演、文艺表演之外，还可举行国际会议。其照度高，装饰豪华，照明也多采用闪闪发光的水晶灯或大型枝形吊灯，使厅内气度非凡，更具特色。并且备有导轨灯、舞台灯、射光灯、旋转彩灯及多种插座，以备镭射激光及电视录像转播之用（图 5-37）。

对多功能宴会厅的设计，既要有五彩缤纷的热烈场面，又要有优雅舒适的环境气氛。

4）走廊与电梯门厅照明。通向公共场所的走廊，照度要亮些，中间不要出现暗区，光源以白炽灯为主。通向客房的走廊照明不宜均匀布置，在客房门口作重点照明，使整条走廊或明或暗，显得幽雅清净而又协调。

图 5-36　多种方式装点舒适餐饮照明

电梯门厅与入口大厅相连，照明要求较高，应选用豪华灯饰。其他各层电梯门厅灯饰的选择应与各层走廊的照明和谐统一，舒适、肃静。但各层电梯门厅的灯饰不应千篇一律，应有所变化，避免单调无味（图 5-38）。

图 5-37　舞台灯镭射等是宴会厅不可缺少的灯具

图 5-38　电梯门厅的灯具也可以多样化

5）客房照明。客房照明主要应创造一个安静、整洁、舒适的环境，一般不设顶灯，而是按功能要求分散设置多种不同用途照明。除卫生间外均应采用白炽灯外，设床头灯要考虑调光。内廊设置顶灯可兼做事故照明用，在床头柜控制板上采取双控（图 5-39）。

6）卫生间照明。卫生间梳妆台及洗脸盆上的镜子前应有合适的镜前照明（荧光灯）。镜前灯的光应均匀地投向人脸，尤其是双颊，不要使人脸上造成深影（图 5-40）。

7）后厅照明。所谓后厅，是指管理办公室、厨房和机械室等。

办公室宜采用荧光灯具照明。厨房的照度要略高，采用不易积尘的线条简单的功能性灯具，灯具中的光源最好与餐厅、宴会厅灯具中的光源相同，使厨师看到的饭菜色彩与顾客看到的一致。机械室采用一般房间的照明方式，宜采用荧光灯具。

图 5-39　客房基本不用吊灯

图 5-40　卫生间的灯可以多样化，柔和为主

本 章 小 结

本章主要讲述了照明设计的基本概念；各种照明灯具方面的知识，并通过不同空间的实例讲解，进一步加深照明设计的理解，使同学们明晰空间照明的设计程序和设计的基本要素，掌握设计的方法，从而体验到设计的结果。

思考题与习题

1. 调查收集各种灯具，并从外观、用途等进行分类，做成 A3 版面。

2. 家居空间设计中灯的设计要注意哪些问题？

3. 收集不同灯具的图片，分析每个图片灯具使用的优劣性，做成 A4 版面。

4. 了解不同空间的照明设计，深入不同空间，对某种空间做 A3 版面的专题照明调查，如专卖店照明设计调查。

第6章 居住空间设计

学习目标

1. 了解居住空间的功能分区，布局类型及空间形式特点。

2. 掌握一定的空间设计方法和设计原则，明确居住空间设计的含义。

3. 认识、理解居住空间与建筑、环境之间的关系；了解居住空间设计的基本内容和构成要素及其相互的有机性，并能合理运用人体基本尺寸进行居住空间设计。

学习重点

1. 掌握一定的空间设计方法和设计原则。

2. 合理运用人体基本尺寸进行居住空间设计。

学习建议

1. 利用多媒体进行教学，结合具体的案例分析，课堂讲授与实际训练相结合。

2. 分理论讲授和课程设计两部分，理论部分以课堂讲授为主，同时设置几个随堂课程设计让学生进行训练。

3. 通过相关幻灯、影像资料以及实地考察等方式，增强学生对所学知识的理解，以达到理论与实际想结合。

居住建筑是供人类家庭生活起居用的建筑，居住空间是一种以家庭为对象的人造生活环境，其最基本的功能是为人们提供除工作之外的休息、学习和日常生活场所。因为家庭生活有其独特的性质，而且每个家庭在成员结构、生活习惯、物质需求、审美趣味和经济条件等很多方面都存在着具体差别，所以作为家庭生活基本环境的居住空间设计就成为在室内设计中最具有普遍性并且比较专门化的领域。随着人们生活水平不断改善，人们对自己的生活环境质量要求也在逐步提高，营造一个悠闲、雅致、充满情趣且具有个性化的居住空间已渐渐成为大多数人所追寻的目标。

6.1 居住空间设计的观念

在当今社会，居住空间设计中"以人为本"的观念受到普遍重视。以人为中心，充分尊重和满足人们的物质和精神需求，为人们的居家生活提供安全、便利、舒适、愉快、高质量的空间环境，成为居住空间设计的基本目标，因此，高品质和高技术成为现代居住空间设计的主要发展趋势。而对审美趣味和艺术风格的追求，则呈现多样化的趋势，实用、美观、经济成为在现实生活中人们对于居住空间设计的普遍要求。由于人们对于实用、美观、经济及其三者相互关系的理解差异，居住空间设计呈现出不同的排序和多种多样的特点。若将实用、美观、经济转化为对居住空间设计的具体实施方案，那么每一个家庭的具体要求更是千差万别。之所以如此，是因为每一个家庭与家庭之间除有许多共性之外，还存在着许多的个性差异。这些个性差异体现在不同方面，并且能够直接影响到人们对居住空间在生理和心理上的具体需求。

首先，人们在个性、职业、经济收入、生活等方面客观存在着各种差异。例如，人们的年龄、性别、健康状况，人们的工作性质、工作时间，人们的起居习惯、餐饮习惯、卫生习惯、消费习惯、社交习惯、休闲习惯、运动习惯等这些差异的存在，都会导致对于实用的内容和实用的形式在具体要求上的差异。

其次，人们在文化背景、生活经历、知识结构、艺术修养等方面也客观存在着各种差异，这些差异必然导致人们对审美观的内容和形式，在理解和追求上出现仁者见仁、智者见智的各种现象。因此，对于居住空间设计的风格，有的追求简约明快，有的追求层次丰富；有的追求朴实自然，有的追求豪华气派；有的追求粗犷奔放，有的追求精致优雅；有的追求沉稳厚重，有的追求温馨浪漫；有的偏爱古典，有的崇尚现代。

另一方面，人们对于经济的理解也体现为不同的观点和方式。有的单纯地追求低成本；有的不计成本地追求物有所值；有的在综合权衡美观与功能之后，寻求用比较低的成本，最大限度地创造实用和审美价值。正是由于人们在观念和财力、物力方面存在着各种各样的差异，才使得每一个家庭的人们对于实用、美观、经济在理解和操作上产生诸多的差别。

一般而言，对于居住空间设计应该反对生搬硬套某一种模式，反对盲目地效仿他人，应该避免陷入高造价就等于形式美的误区。在居住空间设计中应该寻求能突出个性特点并创造出有助于每一个居住成员安全、健康、方便、舒适、心情愉快，使人感受到美观、温馨的居住环境空间。事实上，居住空间设计的生命力在于创新，设计师应该根据每个居住空间客观的建筑条件，每个家庭对居住空间的具体实用需求，以及居住成员的性格爱好、生活习惯、职业特点、社交状况、审美情趣、休闲方式和经济能力等综合因素，有的放矢、量力而行地进行充满人情味的个性化设计。

在居住空间设计中对艺术风格的确立，应该注意在整体关系中把握共性因素，有意突出居住空间陈设物之间及其室内装饰内容的共性之处，尤其对于混合风格更是如此，例如，年代的共性、地域的共性、材料的共性、情趣的共性、色彩的共性、肌理的共性等。在共性倾向明确的基础上，可以适当寻找一些个性化的内容加以丰富和强调。这样就可以在比较统一的空间精神氛围中，有个性、有变化地营造出审美倾向明确、富有灵性的居住空间。

6.2 居住空间的组成及其设计要求

6.2.1 居住空间的组成及装饰设计要求

1. 居住空间的组成

人们生活的主要内容包括工作、休息、娱乐三个方面，而居住空间的主要功能就是为人们提供休息的场所，如睡眠、饮食、闲谈等。根据人们生活休息的特征，居住空间是由功能不同的空间所组成，其装饰设计也有着与其他类型建筑显著不同的特点。

（1）门厅。居住建筑的门厅（也称玄关），是指居室的入口与出口，是通向室内其他部分的过渡性空间，兼有贮存、外出整容等功能。

（2）起居室。起居室也称客厅，是接待来访客人和亲朋好友、家人聚会聊天以及进行家庭娱乐活动的休闲场所，是家庭生活的公共活动区域之一，它具有内部休息、聚会，对外接待会客的双重功能。

（3）餐厅。餐厅是家庭进餐的场所，也是宴请亲朋好友或休闲娱乐的场所，是家庭生活中又一个公共活动区域。

（4）厨房。厨房是烹调食品，为家人提供餐饮的操作空间。它具有饭菜烹饪、食用品贮藏、污物清洗等功能，在生活中占有重要的位置。

（5）卧室。卧室是家人睡眠和休息的空间。它具有睡眠、休息、梳妆和贮存的功能，同时也兼有学习和视听休闲的功能。因此，卧室是一个私密性较强的空间区域。

（6）儿童房。儿童房是家庭中孩子们的私密空间，以满足孩子们的睡觉、学习、游戏等活动为主要功能。

（7）书房。书房主要是为了阅读、书写、藏书、私人办公等活动而设置的空间。

（8）卫生间。卫生间是供居住者便溺、洗浴、盥洗等日常生活的空间，具有较强的私密性。

本节将对起居室、餐厅、卧室、厨房、卫生间等居住空间中较为重要的组成部分进行详述。

2. 居住空间的装饰设计要求

（1）以居住者的生活需求及家庭结构状况为设计依据。

（2）根据居住者的职业特点、文化水平以及个人喜好进行一定的个性化创作。

（3）尊重建筑物本身的结构布局，协调好装饰与结构之间的关系。煤气、水、电等设施的处理应做到安全可靠。

（4）应考虑良好的采光、采暖和通风条件，为居住者创造一个舒适的生理卫生环境。

（5）应考虑投资者的经济条件和消费投向的分配情况，合理利用资金，避免不必要的浪费。

（6）在居住建筑各个空间设计之前，应强调该建筑的整体空间风格和造型。

6.2.2　门厅

打开单元门，直接进入起居室或卧室总是不好，需要有一个过渡的空间，这就是门厅的主要功能。它起到了缓冲的作用，是室内外两个不同空间的中介，是通向室内其他部分的过渡性空间。它不同于公共场所的门厅，除了出入交通外，大门关起后又可以成为家庭居室的一部分，兼有贮存、外出整容等功能。

通常为了方便识别，对于门厅或门廊的设计在视觉上应该有所强调，以加强其对交通的导向性功能。为了出入家门时方便换装，在充分满足交通路线的基础上，可以充分利用空间，采用比较简洁的形式设计一些存放外用衣、帽、鞋的橱柜，衣帽架，衣帽钩，鞋架以及雨伞架钩之类的设施。一般衣架和鞋柜等设施的位置安排，应该符合人们在出入家门时换装的习惯顺序。

6.2.3　起居室

1. 起居室的功能及尺度

起居室是家庭群体生活中的主要活动空间，是家庭居住生活的公共活动区域。在大多数家庭中起居室也兼有接待朋友和宾客的客厅功能，它具有内部休息、聚会，对外接待会客的双重功能，因此起居室应该选择距离住宅出入口比较近，并且自然光比较充分、空间比较宽大的房间。

为保障人们日常起居活动的安全、便利、舒适，起居室应拥有充分的自然生活要素和比较完善的人为生活设施。在视觉形式上，起居室是展示居住成员情趣、修养、嗜好的窗口。如果起居室的空间比较大，并且在起居室中的常规活动又比较多时，可以根据空间和活动的实际情况，利用家具等陈设物，吊顶或地板的造型、色彩变化，以及光影造成的开敞式空间划分不同的活动区域，从而构成聚谈、棋牌、阅读、视听等不同的常规活动中心。

有些住宅的起居室与餐厅采用开敞式空间连接，在这种情况下就更需要采用一定的方法在视觉上构成不同功能的划分。

根据人们在起居室的活动特点，起居室应具有一定的面积，《住宅设计规范》（GB50096—1999）规定起居室应有直接采光、自然通风，使用面积不应小于 $12m^2$，无直接采光的厅，其使用面积不应大于 $10m^2$（室内净高不应低于 2.40m）。根据设计和使用经验，中小型起居室面积一般为 13.0~17.0m^2 大型起居室为 20.10~25.70m^2。

2. 起居室的平面功能分区布置

起居室根据功能要求，最常见的是将就餐环境与座位区安排在同一个空间；有些家庭是将学习工作的环境安排在起居室中；也有在起居室中设置酒吧的做法；通常可摆设沙发、茶几、电视机、音响设备、灯具、组合柜等家具。按需要可将这些家具分区布置，如休息区、视听欣赏区、娱乐区等等。这些相对区划可根据家庭情况加以调整，如对内容有联系且使用时间不同的区域可合二为一，白天作为聚谈休息的区域，晚上可以用作视听欣赏的区域。

在最初的布置计划中，应该充分考虑好各种功能环境与主体座位区的关系。划分各自的范围，使用不同的处理手法，或用家具，或用地面与天棚高度的变化，或用材料的图案、色彩、质感划定空间，组织室内交通。

起居室可以与户内的门厅和交通面积结合，允许穿套布置。

（1）主座位区。主座位区是起居室的核心。应首先决定它在室内的位置。一般来讲，应安排在接近房间主入口，而又相对安静的地方。利用椅类家具组合，形成一个亲切适意的能够促膝而坐的谈话区，这个区应在整个室内据统治地位。

可供用作座位区的椅类家具种类很多。沙发、安乐椅，各种质料的垫子。按照家庭成员的人数，来客的多少，房间的大小决定尺寸与数量。摆放尺寸要适度，太空或太挤都不好，一般都采用周边式布局，围合成一个相对独立的空间。

（2）家具与贮存。起居室的家具基本上分为两类，一类用于主座位区，一类用于贮存陈设物品。

由于沙发的款式、造型丰富多变，且亲切舒适，使它成为起居室家具的主角，有单人、双人、多人沙发、拐角式沙发、组合式沙发等。一般来讲，沙发的选择不会出现太大的问题，影响起居室设计的关键在于贮存陈设类家具。虽然贮存并不是起居室的主要功能，但由于在起居室进行的活动，涉及日常生活的各个方面，又不可避免地需要有一定的贮存陈设空间，这就需进行认真的思考。就起居室的风格和功能来讲，贮存陈设类家具应选择低矮的或开放式高低组合收纳柜橱。

（3）主墙面装饰。面对主座位区的墙面，一般都作为起居室的主装饰墙面。这个墙面的装饰，往往形成起居室的视觉中心。能够创造出高雅的艺术氛围。几乎所有的艺术装饰形式都可用于这个墙面。

总之，起居室的布置应尊重居住者的爱好、习惯和生活要求，不能强加于人。设计时可先选定一个意向，即起居室的风格，待居住者认可后再进行具体的布置。

3. 起居室的界面设计

（1）地面。起居室是家庭中人员流动较多的地方，地面应采用美观、坚实、防滑、不起灰的面层，如实木地板、复合木地板、石英地砖、大理石板、花岗石板、地毯等。

（2）墙面。起居室墙面应选易于清洁的面层，可以采用粉刷、墙布（纸）喷涂、装饰墙板等多种方法进行处理。根据起居室造型的需要，可以把局部墙面处理为仿石、仿砖等较为粗旷的面层，如片石、磨菇石等，以增加室内的气氛。

（3）顶棚。起居室顶棚的做法通常有粉刷、喷涂、墙布（纸）石膏板、格栅（吊顶）等。对于层高较高、面积宽敞的起居室，顶棚可做一些造型，与灯具结合有较强的表现力；对于层高较低、面积不大的起居室，顶棚一般不易做复杂的花饰，可在顶面与墙面的交接处做顶角线，或设置以较为简洁的顶棚线脚即可。

起居室界面装饰设计，在风格上应与总体构思一致，即在界面的造型、色彩等方面都需要与整体设计相符。另外，起居室界面的设计还应与家具、灯具和其他陈设品配合。

4. 起居室的陈设

起居室的陈设品，较大的一些是沙发、茶几、电视或音响组合柜等家具，它们的样式和布置与起居室的分区和平面布置有着密切的联系。较小的陈设品有壁挂、画框、陶器、雕刻、花卉等，可根据居住者的爱好进行安排设置，必要时可专门为其设计一些陈列架，如博古架等。

5. 照明设计

起居室是居住者日常生活的中心场所，活动内容比较丰富，光源可根据不同的区域和要求灵活设置。如直接光源（大型吊灯）与间接光源（暗槽灯）接合布置，固定光源与可动光源（落地灯、台灯）接合布置。在会客时，可采用一般照明；看电视时，可只开落地灯或台灯，采用局部照明；听音乐时，可采用低照度的间接光等。

起居室的灯具，可选择装饰性较强、坚固耐用的式样，其造型应与室内整体装饰效果相协调。

6.2.4　餐厅

1. 餐厅的功能及尺度

"吃"是生活的主旋律。每当你与家人围桌而坐，团聚进餐的时候，一种和谐亲密、其乐融融的气氛便油然而生，于是餐厅便成为联络家庭成员感情、招待来客的一个颇有正式社交场合意味的场所。

餐厅的陈设比较简单，餐桌、餐椅、餐具柜就构成一个进餐的环境。住宅中的餐厅有独立设置的专用餐厅，也有与起居室在同一个开放空间中，构成相对独立的用餐中心。

餐厅的空间的大小主要取决于用餐人数和家具的尺度。餐厅的面积一般在 5~12m² 之间，以适宜于不同就餐人数的要求。

餐厅家具主要有进餐用的餐桌和座椅，如果条件允许还可设置酒柜。餐桌所占空间的大小可根据餐桌形状和就餐人数来确定，一般有正方形、长方形、圆形等，人数有 4 人、6

人、8 人或 10 人等。

2. 餐厅的设计要点

一般餐厅的位置应该紧临厨房，以安排在厨房与起居室中间的位置最为合理。这样的空间安排，可以同时缩短供应膳食和进餐时入座的交通路线。餐厅的陈设除了餐桌、餐椅等家具之外，还可以依据家庭用餐习惯放置酒柜和餐具柜等家具。对于餐桌、餐椅的位置安排，应该注意为人们在入座就餐以及输送膳食时，有比较宽松、便捷的交通路线。

在进行餐厅设计时应考虑的问题：

（1）选用合适的色彩，是以暗的饱和色衬托家具与餐具，还是用明快活泼的色调，制造轻松愉快的就餐环境，这些都应与设计主基调一致。

（2）根据家庭人口、来客情况，决定餐厅的格局。

（3）将餐桌与餐椅安排在什么地方，是厨房、起居室，还是单独设置？应根据餐厅形状、大小与餐桌、椅数量合理布置。

（4）根据房间的形状、大小，决定餐桌椅的形状大小与数量。圆形餐桌能够在最小的面积内容纳最多的人；方形或长方形餐桌比较容易与空间结合；折叠或推拉桌能够适应多种需求。

（5）选用促进食欲的装饰品，鲜花、植物、水果及风景照片等。

3. 餐厅界面和照明设计

（1）地面。餐厅的地面易落油腻食品等污物，应尽量选择易清洁、不易污染的面层材料，如地砖、天然石材（大理石、花岗石）、人造石材、塑料地砖等。

（2）墙面。餐厅墙面也以整洁、耐久、易清洁为好，墙面的装饰也应以能增进人的食欲为宜。常见做法有乳胶漆、木饰面、塑料墙布（纸）艺术砖、石材、镜面等。根据餐厅的功能选用墙面与地面材料，在面积小的房间应尽量选用镜面来扩大视觉空间，地面使用易清洁的硬质材料。

（3）顶棚。顶棚应选择不易污染油污物并便于维护的装饰材料做法，如乳胶漆、石膏板、金属、玻璃等。

（4）照明。餐厅可选择一般照明或局部照明，以餐桌上方投下的局部照明为主，辅以一些背景照明，使整个就餐环境亲切宜人。

（5）根据空间的高低决定选用灯具。升降式餐桌吊灯具有其他灯具无可比拟的优点，投射式筒灯的效果也不错。

另外，餐厅还可能与起居室或厨房兼用，在空间上有一定的分隔，分隔物可采用低柱、组合家具或软装饰物等。

4. 餐厅与厨房的关系

餐厅与厨房的关系最为密切，一般应尽可能设置在厨房旁边，两个空间有窗口连通，便于上菜，餐具的贮存也可利用同一墙体或家具。

6.2.5　厨房

1. 厨房的功能及尺度

每日抬头七件事，柴米油盐酱醋茶，哪一件能离得开，在家庭的所有居室中，数厨房的功能最为复杂。水火电气锅碗瓢盆，简直是一曲纷繁的交响乐。厨房是储藏、清洗、配制、烹调食物和清洗储藏餐具的场所，为居住者提供餐饮的空间，贮存、烹调和洗涤是厨房的三大功能。

根据《住宅设计规范》（GB50096—1999）修订条文，厨房使用面积不应小于 $4\sim5m^2$（指使用燃气或电热器的厨房，若为使用其他燃料的厨房面积还需增加）。

2. 厨房的功能分区

厨房在生活中占有重要的位置。厨房的形式应该简洁、明快，符合人体工程学。对于厨房的空间安排，应该依据给排水的位置和人们在厨房工作的一般程序统筹考虑。冰箱、储藏柜、水池、操作台、灶具等设施的位置应该符合人们在厨房工作的一般操作流程；各种橱具和调味品最好能排列有序地集中存放，这样既便于操作，又有助于提高工作效率。

现代居室的厨房，几乎可以做到一尘不染。吊柜、壁柜、桌柜将所有炊具设备封闭组合成上下两组，整体排列成统一高度的工作台案，最大限度地利用空间，操作十分方便。由电炉、煤气灶、烤箱、冰箱、清洗池、洗碗机、抽油烟机、各式照明灯具组成一个理想的厨房空间。厨房设计还应充分利用上部和下部空间，合理布局。

一个良好的烹饪环境应包括三个主要的区域，这就是贮存区、准备工作区和烹饪区，每一个区都有自己的一套设备。合理安排它们之间的位置，设计最佳工作流程，是厨房设计的关键。

（1）贮存区。这个区是贮备食品和餐具的地方。最主要的是设备，其次是存放各类餐具的柜橱。

（2）准备工作区。准备工作区实际上包括了饭前、饭后两段时间工作内容。饭前是进行食品加工，洗菜、切菜、配料等，饭后是洗碗、清除残渣等。因此这个区的主要设备是清洗池、案台与垃圾桶。先进的装备还应有洗碗机，清洗池也必须是双槽双温装置。

（3）烹饪区。这个区是厨房的核心，各色美味佳肴都是从这里产生的。它需要配置灶具、炊具柜和散热排气装置。现代的厨房烹饪区，灶具一般为下设烤箱的四组火头电炉及燃气炉；炊具柜装设放置各类炊具及调料瓶的搁板与挂架；炊具上部装设抽油烟机；微波炉也属于这一区的装备。

3. 厨房的平面布置

厨房的平面布置形式有单面形、L 形、U 形及通道式等几种，设计者可根据厨房的大小和平面形状选择布置。餐厅内的家具和设备按照食品贮存、准备、洗涤、加工、配制、烹调、备餐这一基本操作程序来安排。

厨房的平面布局是以调整三个工作区的位置为基础的，人在三个区之间活动自然形成了一条三角形的走道动线。这条连线的理想长度在 $3.60\sim6.60m$ 之间，其中案台清洗池至灶具之间的距离为 $1.20\sim1.80m$，至冰箱之间的距离为 $1.20\sim2.10m$；灶具到冰箱之间的距离为 $1.20\sim2.70m$。以上尺度与间距最适宜人的活动，厨房的平面就是按照这个标准设计的，并由此产生了以下几种典型的平面模式。

（1）U 形厨房平面。这种平面布局适合方形空间，开间一般在 $2.70\sim3.30m$ 之间。三个区各占一面墙，距离基本相等，操作取物都很方便。清洗池一般都设在 U 形的底部，冰箱和灶具各居两边，相对距离在 $1.50m$ 左右。比较大的开间，还可增设一组岛形柜桌，或是与附近的餐厅组成一个完整的就餐环境。

（2）L 形厨房平面。这种平面布局适合矩形空间，开间一般在 $2.10\sim2.40m$ 之间。可利用两面墙，但 L 形的一条边不宜过长。清洗池一般设在中间，按照冰箱——桌柜——清洗池——案台——灶具这样的顺序排列，操作省力方便。如果房间的开间较大，还可以在 L 形的对角处增设餐桌。

（3）走廊式平面。这种平面适合于较窄的空间，相对设立的两组设备之间，应有 1.20~1.50m 的距离，再小人的活动就要受到限制。这种布局清洗池、案台和灶具在一边，冰箱与贮存柜在另一边。两头都可出入，呈开放式，便于连接餐厅、门厅或起居室。

（4）一字形平面。这种平面是最经济的一种，占面积最省。开间有 1.80m 即可，所需长度为 3.60m。清洗池仍然装设在中间，冰箱、灶具各占两头，由于面积小，有些设备可选用可移动的手提式或推拉车式。

厨房平面设计应根据房间的具体情况，选择合适的形式。出入口过多的空间就不宜用来设置厨房，改装的话，首先要封闭过多的通路。

有时厨房窗户所处的位置影响柜类的安装，可采用空架搁板式，既保证了通风采光的需要，也满足了厨房贮存柜的整体性。

4. 厨房的界面和照明设计

（1）界面设计。厨房烹饪会产生大量的蒸汽与油烟，加工、洗涤容易在操作面上沾染污渍，因此，厨房的地面、墙面、灶台及界面应采用不易沾污且便于清洁的装饰材料，如墙面采用面砖、石材、地面采用地砖或陶瓷锦砖，灶台采用大理石防火涂料板或不锈钢板等。顶棚采用金属装饰板或石膏板吊顶处理，既美观又能起到防火的作用。

（2）采光、通风与照明设计。从健康、卫生的角度出发，厨房的窗户应直接对外开启，既可直接采光，又能自然通风。根据《住宅设计规范》（GB50096—1999）厨房的采光系数最低值为 1%，窗地比大于等于 1:7。

煮饭炒菜必然产生大量的蒸汽与油烟，厨房通风不好烟气排不出去，一则危害健康，二则也会污染房间、锈蚀器物。通风散热有两种形式，一种为自然式，一种为强制式。自然式，最简单的方法是在煤气灶上方加散热罩，接在烟道孔上，热气流自然上升，通过烟道排出。强制式，可在窗洞、墙洞上加装排风扇，也可在煤气灶上装抽油烟机，这种装置内部设有尼龙滤膜和活性炭盒，过滤吸附性好，效果不错，尤其适用于高层及自然通风不良的建筑。

厨房照明的方式主要为一般的主体照明和工作台面的局部照明，灯具多布置在顶棚或墙壁上。比较典型的是安装于吊柜下方的槽灯，顶棚中央的吸顶灯。操作面上可采用局部照明的方式，如高低可调的吊灯和安装在灶台上部（一般与抽油烟机合装）的工作灯等。灯具宜采用密封、防潮、防锈或易于拆换、维修的灯具，如散射式吸顶灯等。

6.2.6 卧室

1. 卧室的功能与尺度

卧室是安身之所，它解决了"住"的问题。住包括生活中很多的内容，第一层含义自然是指睡眠，只要有一张床的位置即可满足住的最低要求。由于人生有近 1/3 的时间都是在睡眠中度过，所以设计好居室的睡眠环境就显得十分重要。

完整的卧室睡眠环境应包括三个主要的功能区：睡眠区、更衣区、梳妆区。

（1）睡眠区主要由床、床头柜、床头灯具组成。

（2）更衣区由衣柜、座椅组成，应接近卫生间的门。

（3）梳妆区由梳妆台、镜子、坐凳组成。

卧室一般分为双人卧室、单人卧室和兼起居室卧室，供居住者睡眠、休息、梳妆或学习使用。根据《住宅设计规范》（GB50096—1999）条文规定，卧室的使用面积不应小于：双人卧室 $10m^2$，单人卧室 $6m^2$，兼起居室卧室 $12m^2$。

2. 卧室的基本要求

卧室应是居室中最具私密性的房间。在家庭中可分为主、次两室。主卧室是住宅主人的寝室，设置双人床，是夫妻共同的私人空间。主卧室应该具有比较强的私密性和比较强的安全感。主卧室在满足睡眠这一基本功能的同时，还可以根据人们的生活习惯兼顾不同的功能。例如，通过增设辅助设施，主卧室还可以满足梳妆、储藏、阅读、工作等不同方面的功能需求。子女居次卧室，设置单人床或高架床。

由于卧室在居室的性质上偏内向，所以设计布置可以完全从主人的个人爱好出发。充分考虑自己的意愿，而不必过分照顾别人的看法。

3. 卧室的设计基本原则

（1）卧室内的色彩一般应选用安静、悦目的色调。

（2）夜晚灯光照射下，要呈现出一种温馨舒悦、漂亮的曙色调，如橙黄、暖红，主卧室避免使用荧光灯。

（3）空间设计要有较强的围护感，应多选用柔软的织物作为装饰材料。

（4）窗帘应采用薄厚两层，透光与不透光的落地式，或塑料、金属百叶。

（5）做好门窗的隔声密封处理。

（6）以床为中心的家具陈设应尽可能简洁、实用。

4. 卧室的设计与装修应考虑的问题

（1）由谁使用？小孩？单身？还是夫妇？应按不同的使用要求分别处置。

（2）有什么独特的处理手法？尤其是床的设置，是选用市场出售的成品床，还是用装修的手法在地面上起一个温暖舒适的地台？

（3）需要多少贮存空间？尤其是衣柜体积是否够用。

（4）房间中哪些地方不适合放置床？如穿堂风通过或妨碍交通的地方。

（5）地板与隔墙的隔声情况怎样？如不好怎样改进？

（6）窗户的防雨情况如何？是否需要安装双层玻璃？

（7）怎样去卫生间？是否要穿过其他房间？是否装设简单的卫生设备？

（8）是否可以让来访者或孩子的朋友进入？以此决定陈设布置的格局。

（9）床边是否有电器插座及控制开关？

5. 卧室的平面布置

卧室的使用的家具通常有床、床头柜、梳妆台、衣柜、书桌、书柜、休闲沙发和电视柜等。根据功能要求，可将家具分区布置，如由床和床头柜组成睡眠区；梳妆台、梳妆镜、座椅组成梳妆区；衣柜组成贮物区；书桌、书柜、沙发和电视柜组成学习休闲区等等。

6. 卧室的界面设计

由于卧室是私密性较强的空间区域，使用时具有一定的封闭性，因此，卧室界面应选用防火、耐久、无毒、易清洁并具有一定隔声性能的材料。

（1）地面。卧室的地面应给人以柔软、温暖和舒适的感觉，如选用木地面、地毯等。

（2）墙面。墙面可选择有温暖感和高贵感的面层材料，如局部木饰面、墙布（纸）艺术壁毯等。

（3）顶棚。卧室的顶棚应采用吸声性能好的装饰绝缘板或矿棉板等。主要卧室在高度和面积允许的情况下，也可做吊顶。

7. 照明设计

卧室主要以睡眠休息功能为主，通常采用局部照明。兼有其他功能时，也可采用一般与局部相接合的混合照明方式。睡眠时室内光线应低柔，选用台灯或床头壁灯，穿衣时光线应均匀，由上向下照射，可选用投光灯；梳妆时选用梳妆台灯；看书学习时选用书桌台灯或沙发背后的落地灯等。

卧室灯具的选择以简洁、柔和型为主，如半透明灯具等。灯具的样式应与室内整体设计相协调。

8. 卧室的床

人这一辈子与床的关系大概是最亲密不过了。床也许是居室中最重要的一件家具。但是要选择一张舒适的睡床不是一件容易的事。最理想的床应该是尺度适宜，软硬适度。就单人来说，床的宽度应是人体宽度的 1.5 倍。

床的舒适程度，自然取决于与身体直接接触的床垫。床垫的软硬程度是以能否保持与脊椎曲线的完全吻合，并使它保持在同一水平线上为准。侧卧时，太软的床垫使人体的中心线成为一条下垂的曲线，时间一长必然会产生疲劳。太硬的床板则使臀部到肩部的这一段身体失去承托，同样使脊椎成为一条下垂曲线。

枕头作为床垫的附属物，其高度也是以保持人体侧卧时头部与躯干在一条中心线上为准，这个高度是以人侧卧时耳平面到肩膀 100～150mm 的距离为依据的。

至于被子，则应尽量选用重量较轻的，使你在睡眠时较轻松地呼吸和翻身。其宽度以你的腿脚有 70°自然活动范围为宜。

而床单，不仅保持了床面和你的身体清洁，更重要的是调节了室内的气氛和人的情绪。

床的摆放位置，最理想的自然是一头靠墙，三面临空。一则空气流通，人的心理容易取得平衡；二则上下也较为方便。如果卧室的一面墙有两个窗户，那么床头安排在中间，通风情况就很理想。但这种房间不太多见。举这个例子只是说明，床的摆放位置受通风问题的制约。既不宜置于憋闷的死角，又不能让穿堂风吹着。

9. 卧室的贮存家具

如果想得到一个干净整洁、空间合理、宽敞的卧室，就需要设置完备的贮存家具。卧室的杂物是很多的。衣服、鞋袜、饰物、被褥还有各式提包、网兜、箱子。要从视觉上取得宽大的空间效果，就得把这些东西消除在视线之外。因卧室最理想的贮存家具，应是与室内装修结合设计、建造的整面墙的大型壁柜。如果条件不允许，也要想法把各类单件的、临时的贮存家具，用帘子或各类屏风将其遮挡起来。同时应将物品分类放置。

所选用的贮存家具必须是拿取方便的。商店里用的那种陈列式衣架，两墙之间简单的绳索，都可用来挂衣；标准模数的组合柜，金属线制的网架，浅的塑料托盘，单件的大小衣柜，窄的搁板，都可用来存放卧具、棉毛衣裤、鞋袜和各类小件杂物。

年轻人或孩子的卧室，一般都采用单件的或临时性的贮存家具放置他们的书和玩具，条件好的可以设计制作专门的家具。也可以采用成人尺寸的贮存家具，一直到孩子长大都可以用。孩子喜欢明快活泼的色彩，可以在这方面进行经常的改换。同时结合床的设计，利用床下、床上的空间，安排各种类型的贮存单元。

6.2.7 儿童房

1. 儿童房的功能

儿童房是家庭中孩子们的私密空间，以满足孩子们的睡觉、学习、游戏等活动为主要功能。

对于儿童房的环境设计不能一概而论。首先是因为男孩与女孩各有其在生理和心理上的不同特点，对环境也有不同的需求。再有是因为在孩子们成长过程中的不同年龄阶段会产生不同的生理和心理变化，这些变化又会直接导致孩子们的兴趣、爱好和需求上的变化。所以，在儿女成长过程中的不同阶段，应该根据不同性别、年龄孩子的实际生理和心理特点和具体需求，及时调换儿女室中的陈设，以利于创造出适合于儿女身心健康成长的空间环境。

2. 儿童房的空间设计应考虑的问题

（1）儿童房的功能包括了居家的所有内容，吃、喝、拉、撒、睡、玩都得考虑到。

（2）装修装饰要符合儿童心理。色彩要明快，如鹅黄、嫩绿、天蓝；图案要活泼，如卡通形象的动、植物；质感要柔软温暖。

（3）家具尺度要符合儿童使用。

（4）去除一切不安全因素，室内装修、家具、器物的边缘凸角应做成圆形，电器插座、火炉、锐器的设置位置尤其要注意，玩耍游戏与休息睡眠是儿童房空间设计的两大主要因素。

3. 婴儿期的儿童房空间设计

婴儿期的儿童房间设计，基本上是围绕着婴儿床进行的。在不会走路前的这一段时间，婴儿的活动总离不开床，除非有专供婴儿自己使用的安全房间，所以选择一张合适的小床是很关键的。床的高度应比一般成人用的床稍高一些，这样站着换尿布要方便些。小床必须有栅栏，栅栏应有一定高度，高过站在三、四层被子上的婴儿肩膀。每根栅栏之间的距离以刚好能伸进大人的拳头为宜，如果比这稍宽，就有夹住婴儿头部的危险。过密也不好，一旦夹住大一点婴儿的脚就可能使其摔倒而扭伤。为了防止碰伤头部，最好用木质栅栏。

婴儿期的儿童房要特别注意通风与温度。既不能密不透风，也不要让风直接吹着。最理想的室温为20℃左右，湿度在50%左右。要达到这样的标准是很难的，所以也不一定那么绝对，"人生以四季为乐"，也应该给婴儿以四季的欢乐。

婴儿床周围应尽可能干净简洁，但上部空间应做重点装饰，吊挂一些色彩鲜艳的玩具。如果是与父母的床并置，就要注意不能把烟灰缸、香烟、火柴、别针、针、刮脸刀片、安眠药、硬币、钮扣等等遗落在床上。

4. 3~10岁的儿童房空间设计

这个年龄阶段的儿童房设计，应以满足儿童游戏、学习、睡眠的综合需要为标准。尤其要注意给予他们发挥自己才能的天地，让他们自己安排布置自己的房间。

地面最好选用软质或中性材料，如地毯、木地板、塑料地板，这类材料便于儿童在上面坐爬玩耍。墙面应充分利用，装饰儿童自己的作品，用明丽的色彩图案画上有趣的图画。甚至可以装设一个大黑板，让儿童充分发挥他们的创造力。

玩具箱、小书架等贮存家具，可以用简单的支架、搁板，另外，纸箱、藤筐、塑料桶也可以利用，只要表面的色彩处理好就行。这类临时性的代用家具，符合儿童好动的心理特征，过于正规的家具反而不那么实用。

6.2.8　书房

1. 书房的功能

作为家庭生活的私人生活区域，阅读、书写、藏书、私人办公等活动是书房的主要功能，其使用性质更偏重于私密空间。因此书房应该选择受干扰比较小，比较安静的位置。充足的照明是书房所必需的条件。

2. 书房空间设计应考虑的问题

（1）在进行平面设计时，安排好工作区（书桌）与存放区（书架、资料柜）的相互位置，选择最低的配置形态。

（2）选择合适的桌柜。桌面的理想高度为760mm左右。抽屉的功能最好是分类的，按照自己的特殊需要专门设计制作最为理想。

（3）选择理想的座椅。最好选用可升降的转动工作椅。

（4）装设方便的小件物品存放架板。

6.2.9　卫生间

1. 卫生间的功能及尺度

现代居室十分注重卫生间的设计。一个家庭卫生间的数量、装修的档次与质量，直接反映出生活水平的高低。

卫生间是综合的卫生设施空间。虽然卫生间在住宅中所占面积比较小，但是其所发挥的作用却很重要，具有如厕、盥洗、洗浴、衣物洗涤等多种功能。卫生间内基本的卫生设施有给水、排水、通风、电源系统和洗脸盆、抽水马桶以及淋浴器等。比较大的卫生间除了基本设施之外，还设置有坐便器、洗脸盆、浴缸或淋浴器、洗衣机以及毛巾杆、浴巾架等专用设施。一般卫生间的空间安排自由度并不很大，常常受到给水和排水管线路的制约。因为在建筑设计时，为了节约给水和排水管线路，盥洗、沐浴和如厕这三种设施的空间布局一般都比较集中。当然，如果有条件，可以将这三种基本活动区域，分别安排于三个相互连接的小型分隔空间中，这样就更能适合于人们的使用要求。

卫生间的使用面积根据卫生设备的配置情况：

（1）设坐（或蹲）便器、洗浴器（浴缸或淋浴器）、洗脸盆3件卫生洁具的卫生间不小于3m²。

（2）设坐（或蹲）便器、洗浴器2件卫生洁具的卫生间不小于2.5m²。

（3）设坐（或蹲）便器、洗脸盆2件卫生洁具的卫生间不小于2.0m²。

（4）单设坐（或蹲）便器的卫生间不小于1.1m²。

2. 卫生间空间设计应考虑的问题

（1）有多少空间可用来做卫生间？

（2）家庭原有的卫生间质量，是否可改装或增添设备？

（3）准备选用什么类型的卫生洁具？浴盆还是淋浴器？

（4）是否要在卫生间安排其他用途？如装设洗衣机。

（5）是否考虑老人和孩子的使用要求？如地面、浴盆的防滑措施。

（6）是否安装贮存柜或更衣座椅？

3. 卫生间的基本设备

卫生间的基本设备实际上只有三大件，这就是浴盆，洗手盆，抽水马桶。有了这三样也就满足了一般的要求。

4. 卫生间的平面布置

根据卫生间的功能，其空间可分为如厕、洗脸、梳妆、洗浴、洗涤等多个区域，这些区域可同室布置，以节约面积，也可利用隔墙或隔断分别布置，减少相互之间的干扰。

5. 卫生间界面设计

卫生间界面设计应考虑防潮、防水，并应考虑良好的通风排气设施。

（1）地面。面层采用防水、防滑、易清洁的材料，常用的有地砖、陶瓷锦砖、天然石材（大理石、花岗石）、塑料地毡等。

（2）墙面。面层采用防水、防雾、易清洁的材料，常见的做法有艺术墙砖、天然石材、人造石材等。

（3）顶棚。宜采用防潮、防水、防霉、易清洁的材料。有条件的可做防水型吊顶，以便遮挡上一层住户卫生间的设备（便器或地漏的存水弯头等）常见的做法有乳胶漆、PVC板、金属板、玻璃等。

6. 卫生间的采光、通风与照明设计

卫生间应直接采光，自然通风，一般为北向侧窗采光。无通风窗口的卫生间必须设置出屋顶的通风竖井，并组织好进风和排气。通常做法是卫生间门下部设固定百叶或门距地面留缝隙（一般不小于30mm）进风，通风竖井安装排气扇排气。

卫生间照明灯具应选用密封性能好，具有防潮、防锈功能的灯具。其类型一般有吸顶、发光天棚、镜前灯、射灯等；与采暖结合时，可选用组合式浴霸。

6.3 居住空间设计举例

居住空间区别于公共空间，有很强的私密性，同时，人们随着生活质量的提高和工作节奏的加快，希望居住空间成为一个舒适、安静、愉快、整洁的环境。在现代社会里，居室已经成为人们生活、休息、学习与开展业余活动的场所，甚至是工作的地方，除了要求满足物质需求外，还要体现出美的精神追求。因此室内设计要达到功能和精神双重的目的，创造出理想的生活环境。

以下通过居住空间案例来学习设计师是如何让设计主题满足居住者的使用需求（图6-1~图6-10）。

首先，设计师以白色为空间主调，并在白色中掺加一些暗色调，让墙壁体现出沉稳的质感；其次，以浅灰色的沙发椅搭配墙壁上的画作，让整体空间氛围倍感活泼。由于建筑为钢筋混凝土结构，客厅主墙相对较低，于是设计师将电视柜的高度降低，与客厅茶几高度平行，不但让视线更为平顺，也使主墙高度更加宽阔高挑，主墙四周加以镂空设计，并在其中加装流星灯管，当光源由缝隙投射出来时，柔和了视觉效果，也增添了空间的层次感。

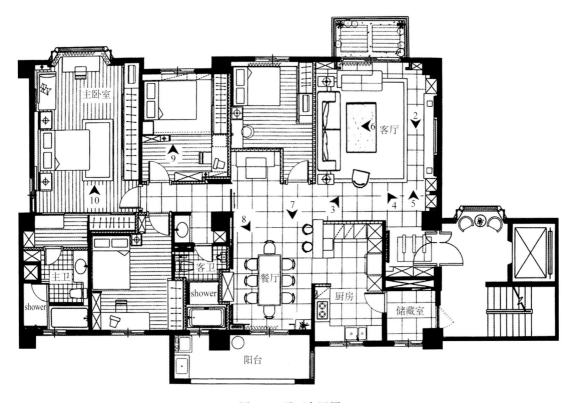

图6-1　平面布置图

特别订制的餐桌，配合吊顶上垂吊下来的白色圆柱造型灯，使白色光晕与黑色餐桌相辉映，表现出餐厅敞朗的空间感。开放式的厨房外加设小小吧台，搭配由玻璃纤维制成的白色圆形高脚椅，更替餐厅增加了一丝浪漫气氛。除了以颜色来修饰空间、调和冷暖以外，本案也非常重视功能的展现，在客厅主墙两旁以及沙发周围，都设立了功能性的收纳空间，简单的造型、一致的色调，与四周环境相融合。地坪则以不同的用料来区分住家空间单元，在客厅、厨房、餐厅等公共空

图6-2　客厅及玄关空间

间选择以大理石地坪，具有实用功能，而在主卧室、次卧室、儿童房等私人空间，则使用原木地坪来满足舒适感，截然不同的划分，使整体空间中的角色定位更为清楚。

设计师独特的设计体现出其缜密的心思，他巧妙地将冷静与热情的特质不着痕迹地融

合，不但达到了业主的需求，也充分显示了自己的设计理念。

图6-3　客厅（一）

图6-4　客厅（二）

图6-5　客厅（三）

图6-6　客厅沙发及墙壁书作

图6-7　餐桌与白色圆柱造型灯

图6-8　厨房外小吧台

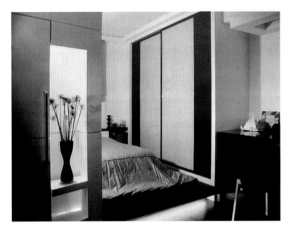 

图 6-9　次卧室　　　　　　　　　　　　　　图 6-10　主卧室

6.4　居住空间设计实训

6.4.1　课程实训教学性质与任务

通过本次设计实训，进一步培养学生的方案设计的能力、调查研究综合分析的能力以及查阅资料编写设计技术文件的能力。树立理论联系实际、踏实、严谨的工作作风，通过课程设计期间对相关理论知识的综合运用，使所学知识得到巩固、扩展和系统化。并使绘图能力、计算机综合应用能力得到全面训练，使学生的专业知识得到进一步提高。

6.4.2　课程实训目的与要求

1. 课程实训目的

（1）掌握对家庭成员的基本情况和场所的实际情况分析方法。

（2）掌握空间的功能需求和根据功能划分空间的原则。

（3）掌握设计风格、色彩与材质的选择方法。

（4）掌握依据客户的要求，融入设计师的理念进行设计作品创作的方法。

（5）掌握多种设计表现的方法。

（6）掌握规范绘制工程施工图的方法。

2. 课程实训要求

（1）了解生活空间的设计的程序，掌握生活空间的设计原则和理念。

（2）对空间的功能划分、尺度要求和各类型设计风格有一定的认知。

（3）培养与客户交流沟通的能力及与项目组同事的团队协作精神。

（4）设计中注重发挥自主创新意识。

（5）在训练中发现问题及时咨询实训指导老师，与指导老师进行交流。

（6）训练过程中注重自我总结与评价，以严谨的工作作风对待实训。

6.4.3 课程设计的内容

住宅内部的各功能分区：包括居室（卧室、起居室、儿童房、书房或工作间），厨房（餐厅），卫生间，门厅、过道，贮藏间，阳台等。

6.4.4 课程设计的条件

1. 设计课题之一：家居空间设计

项目来源于校外实训基地的建筑装饰企业所承接的家居装饰设计项目。

2. 设计课题之二："SOHO"生活空间建筑装饰设计

建筑空间为全框架结构，横向柱间距4.2m，竖向柱间距为4.2m，柱网阵列为竖向柱网3个柱体×横向柱网3个柱体，构成的建筑的柱网结构关系；柱体截面为45cm×45cm，梁底标高为5.6m。入口、采光窗位置与尺度以及楼梯位置与尺度可根据功能要求自定。在这样的空间容积中，作一个二层的"SOHO"生活空间的室内设计。

6.4.5 课程设计的要求

（1）按照居住建筑装饰设计的基本原理，具有合理的室内空间组织和平面布局，提供符合使用要求的室内声、光、热效应，以满足室内环境物质功能的需求，力求方案有个性，重点突出居住空间的适用性、舒适性以及时代性；造价不限。

（2）具有造型优美的空间构成和界面处理，宜人的光、色和材质，符合建筑性格的环境气氛，以满足室内环境精神功能的需要；设计要适合业主的身份特点，有一定的文化品质和精神内含。

（3）针对居住的需要，充分考虑空间的功能分区，组织合理的交通流线；采用合理的装修构造和技术措施，选择合适的装饰材料和设施设备。

（4）符合安全疏散、防火、卫生等设计规范；充分利用现有条件，结合自己对居住建筑室内设计的理解，创造出温馨、舒适的人居环境。

（5）设计要以人体工程学的要求为基础，满足人的行为和心理尺度；随着时间的推移，考虑具有调整室内功能、更新装饰材料和设备的可能性。

（6）根据可持续发展的思想，室内环境设计应考虑室内环境的节能、节材、防止污染，并注意充分利用和节省室内空间。

6.4.6 课程设计的成果

1. 图样规格

（1）图样规格：根据情况采用A2（594×420）或A3（420×297）图幅。

（2）每张图样须有统一格式的图名和图号。

（3）每张图样均要求有详细的尺寸、材料、标注。

2. 图样内容

（1）总平面布置图，比例1:50或1:100。

要求：注明各房间、各工作区和功能区名称；有高差变化时须注明标高；要合理划分空间，注意要表达出空间的分隔形式、铺地材料。应布置家具、绿化等内容。

（2）顶棚布置图，比例1∶50 或1∶100。

要求：显示顶棚的做法，注明各顶棚标高、尺寸及材料；布置灯具，灯具也是顶棚布置图的主要内容，注意用不同的符号区别表达灯具。

（3）立面图，比例1∶30 或1∶50。

要求：不少于5 张，注明尺寸及材料。立面图的数量比较多，要详细表达出立面中的材料、做法、色彩、造型设计等内容。

（4）节点、大样图，比例自定。

要求：不少于3 张，一些细节部位、造型设计等都需要用节点详图来表达，注意注明其索引位置。

（5）效果图。

要求：不少于2 张，表达手段不限，要尽量选择视角较好的位置，以展现出设计的风采。要表现装饰特色，与整体风格要相协调。

（6）设计、施工图说明书。

要求：设计说明不少于300 字，说明设计构思；施工图说明书，要分析材料的选择与使用。

（7）一定要有功能分析图和交通流线分析图。

（8）图样封面设计、图样目录。

3. 展版版面布局要求

（1）内容编排在1200mm×900mm 的展板版心幅面范围内（统一采用竖式构图）。

（2）布局合理、美观。图文结合巧妙，视觉冲击力强。

（3）标题、班级、作者、指导老师等标注明确。

（4）同时提供电子版文件（CD-ROM 格式），各种所需图一律提供JPG 文件格式，精度至少为150dpi。

6.4.7 课程设计的进度

具体根据教学进度安排。大体上可以分为六个阶段。

1. 方案设计前期准备阶段（即搜集资料阶段）

根据提供的任务书（即课题）查阅相关资料或到实地现场考察，培养感性认识。在实际工作中，此阶段应完成以下两步骤工作：

（1）与客户前期的沟通。本阶段要求各项目组与客户进行前期沟通，沟通中要掌握的信息主要有：

1）客户家庭的人口构成情况（包括人数、年龄、性别）。

2）客户的职业特点、文化水平、经济水平。

3）客户的生活方式、生活习惯、业余爱好、宗教信仰。

4）客户对设计的初步想法与基本要求。

（2）实地勘查现场情况。本阶段要求对项目的居所进行实地勘查，勘查的内容包括居室空间内部的建筑构造和周边环境两个方面，并将实地勘查的情况客观详细地记录于原始建筑图中。

1）居室内部的建筑构造包括：梁柱所在的位置及相互关系，承重墙和非承重墙的位置及关系，电、水、气、暖等设施的规格、位置和走向等。

2）居室的周边环境包括：居室所在地理位置、气候条件、地形、居室与周围建筑的关系等。

2. 方案的设计分析与定位阶段

（1）居住者信息与设计要求分析。本阶段要求项目组将方案设计前期准备所收集的居住家庭信息进行列表分析，并抓住主要信息作为设计定位依据：

1）以居住家庭人口构成结构确定空间类型划分依据。

2）以人的活动需求确定空间功能、尺度及开敞与闭合的程度。

3）以居住家庭成员喜好和业余爱好作为设计风格定位依据。

（2）场所实际情况的分析。本阶段要求项目组将方案设计前期准备所收集的实地勘查资料进行列表分析，分析现场条件的利与弊，相应考虑处理方式，并抓住主要信息作为设计定位依据：

1）分析电、水、气、暖等设施的规格、位置和走向等。

2）分析建筑结构关系。

（3）设计风格与理念定位

1）综合客户信息进行设计理念定位。

2）综合设计要求和场所实际情况进行设计风格定位。

3. 方案的设计阶段

（1）确定设计方案。本阶段要求项目组将设计风格与理念定位贯穿于方案设计之中，注意空间尺度把握基本准确，从整体到局部，再从局部到整体，把握全局的设计：

1）解决家庭中各功能区域的合理布局。每个家庭都有自己独特的要求，有的除了满足日常生活的需求外，还考虑照顾老人与小孩的问题，须另设保姆房；有的为了满足自己对音乐的特殊爱好，须增添娱乐视听的区域；有的在有限的空间中，划分出一定的空间作为更衣室，等等。

2）根据空间功能区域的相互关系，设计出相适应的间隔形式，以满足不同功能空间的要求，解决功能区之间的相互关联、过渡和协调呼应的关系。

3）安排家具和各种设施的位置，如客厅中电视机与交谈区座位之间的距离处理；装饰橱柜、大衣橱柜或书架等是否可作为隔墙，以节省墙体空间；如开关、插座、水龙头以及大件家电的安放位置等是否合适妥当。

4）在遮蔽建筑梁、各种线路、各种管道的前提下，尽量提升地面至吊顶面的空间高度，增大吊顶的空间面积。吊顶造型的艺术处理力求简洁而大气，恰当运用不同材料的特点与装饰效果，以满足使用者的审美需求。

5）在接口上应尽量考虑室内的装修风格，色彩效果，材料的质地，橱柜、陈列架等的式样与布局，开关、插座、龙头、排气扇等设备的安置，墙上装饰物品的位置与造型等。

6）按照不同的功能区域进行照明的布局。如客厅、餐厅是主要的活动区域，照明应明亮些，可采用均匀性照明与选择性照明相结合，如吊顶上的筒灯与橱柜上局部照明的射灯、多灯位的整体照明的吊灯等。多层次的照明形式将有助于室内气氛的营造。卧室则是休息的地方，室内整体照明度须降低，以局部照明的壁灯、台灯等形式照明。

（2）方案草图设计。本阶段要求项目组在充分把握收集资料和现场调查的基础上，初步拟定方案草图，徒手绘制，将设计方案以方案草图的形式表现出来：

1）以功能分区图表现空间类型划分。

2）以活动流线图表现空间组合方式。

3）以透视图形式表现空间形态。

4）做好色彩配置方案。

4. 方案设计效果的表达阶段

本阶段要求项目组在方案草图的基础上将方案完整地用效果图的形式表现出来，并利用口头和文字两种方式表述方案设计思维。

（1）绘制手绘效果图。

1）透视方式及视角的选择与绘制。

2）空间感、光影关系的表达与再表现。

3）色彩的处理和表现。

4）质感的表现。

5）饰品、植物的表现。

6）氛围的表现。

（2）绘制计算机效果图。

1）AUTOCAD 软件绘制建模尺寸图。

2）3DSMAX 软件三维建模。

3）.LIGHTSCAPE 软件光能传递与渲染。

4）PHOTOSHOP 软件后期处理与出图。

（3）利用口头和文字两种方式表述方案设计思维。

1）以设计说明形式表述方案。

2）与居住者沟通并利用口头形式表述方案，将自己的设计意图、设计效果告知居住者，以得到居住者的认可与赞同。

5. 方案施工图样的制作阶段

本阶段要求项目组利用工程制图软件完整地将设计施工图制作出来，在制作过程中注意调整尺度与形式，着重考虑方案的实施性。

（1）绘制平面图。

（2）绘制顶面图。

（3）绘制立面图。

（4）绘制节点大样图。

6. 审查交验图样阶段

本阶段要求项目组从图样的规范性和方案的实施性角度，对设计施工图进行审查和修改，完成所有设计成果图样打印、出图。

7. 参考资料

（1）《室内设计资料集》　　　　张绮曼 郑曙旸 主编　　中国建筑工业出版社

（2）《室内设计原理》（上下册）　来增祥 陆震纬 编著　　中国建筑工业出版社

（3）中国建筑与室内设计师网　　www.China-designer.com

（4）中国装饰网　　　　　www. zswcn. com
（5）中国室内装饰网　　　www. cool- d. com

本 章 小 结

居住空间设计解决的是在小空间内如何使人居住、使用起来方便、舒适的问题。空间虽然不大，涉及到的问题却很多，包括采光、照明、通风以及人体工程学等等，而且每一个问题都和人的日常起居关系密切。

居住空间设计是室内设计的主要模块之一，通过这个模块的学习，利用真实设计项目的演练，使学生了解居住空间的设计的程序，掌握居住空间的设计原则和理念；培养学生与客户交流沟通的能力、与项目组成员的团队协作精神和自主创新的能力；培养学生的方案表达和绘图能力，帮助学生复习装饰材料和装饰施工技术知识。

思考题与习题

1. 简述居住空间装饰设计的要点。
2. 如何看待照明与居住空间设计的关系？
3. 怎样理解居住空间设计中陈设品的作用？
4. 居住空间设计要求体现在哪些方面？
5. 结合课程设计，浅谈自己的居住空间设计的观念。

优秀学生作品赏析——住宅空间方案设计

◆ 设计命题

本次方案设计的命题为"某住宅空间方案设计"。要求通过本方案的设计了解住宅的特点，通过立意、设计、制作等环节，把本章节所学的知识加以灵活运用。

◆ 设计条件

（1）本次设计的是某栋多层住宅建筑中的某个套型，业主自定。

（2）楼层净高为 2.85m，梁底标高 2.50m，框架结构，楼梯间及附属用房不作为本次竞赛的设计内容。

（3）设计内容应根据空间规格与业主身份与需求确定。

◆ 设计要求

（1）以居家空间为设计引导，可参照各大楼盘样板房。

（2）立意准确，充分突出设计理念。

（3）业主背景自拟，对各功能房间的要求也自拟，框架中内墙均可以打掉，卫生间厨房管道位置不变。

◆ 设计表达

1. 方案设计投影图示

（1）平面图（含地面铺装、家具设施布置，出图比例按制图标准）。

（2）顶平面图（含装修、照明、风口，出图比例按制图标准）。

（3）绘制重点空间室内立面图（出图比例按制图标准）。

2. 方案设计效果表达

选择重点设计室内空间中两个以上的角度绘制相应的效果图示。

3. 提交作品的电子文档

制作汇报系列展板，要求：

设计者自行将以上要求内容编排在 820mm×590mm 的展板版心幅面范围内（统一采用竖式构图），须符合规定出图比例（否则视为无效作品）。

附原始框架图（图 6-11）。

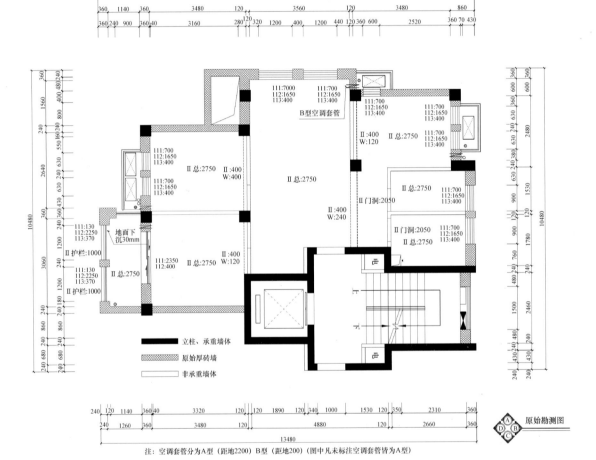

注：空调套管分为A型（距地2200）B型（距地200）（图中凡未标注空调套管皆为A型）

图6-11 原始框架图

一、追梦爱情海住宅空间方案设计

本设计题目为"追梦爱情海"，通过爱情海的蓝色，展现了主人的浪漫情怀。该学生通过大量案例调查、对比地中海风格，提炼属于自己的设计元素（图6-12、图6-13）。

图6-12　追梦爱情海住宅空间方案设计（学生：郑萍　指导老师：刘德来）

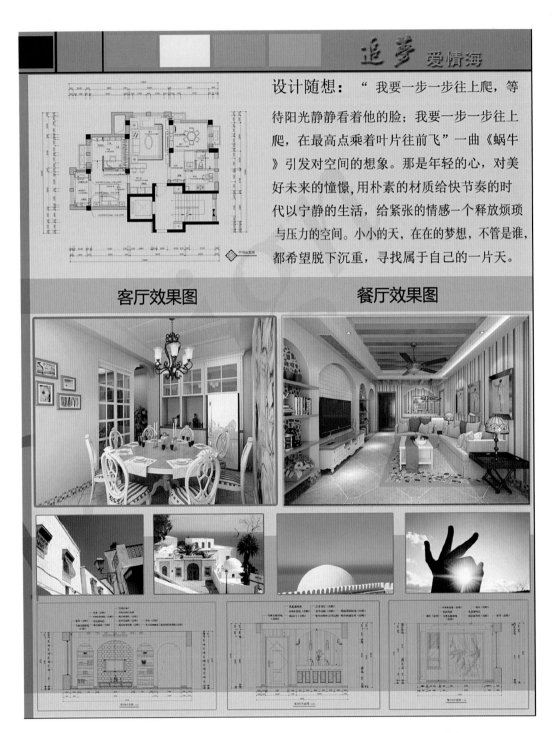

图 6-13　追梦爱情海住宅空间方案设计（学生：郑萍　指导老师：刘德来）

二、夙夕住宅空间方案设计

本设计以"夙夕"命名，体现了主人白天、黑夜在住宅空间的主体地位，住宅空间追求简单的色泽，却掩不住它斑驳的灵魂（图 6-14 ~ 图 16-16）。

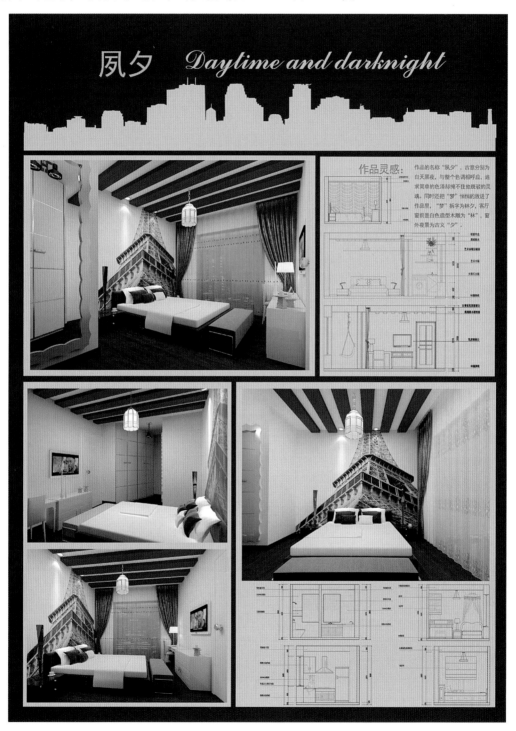

图 6-14　夙夕住宅空间方案设计（学生：高莎莉　指导老师：袁华）

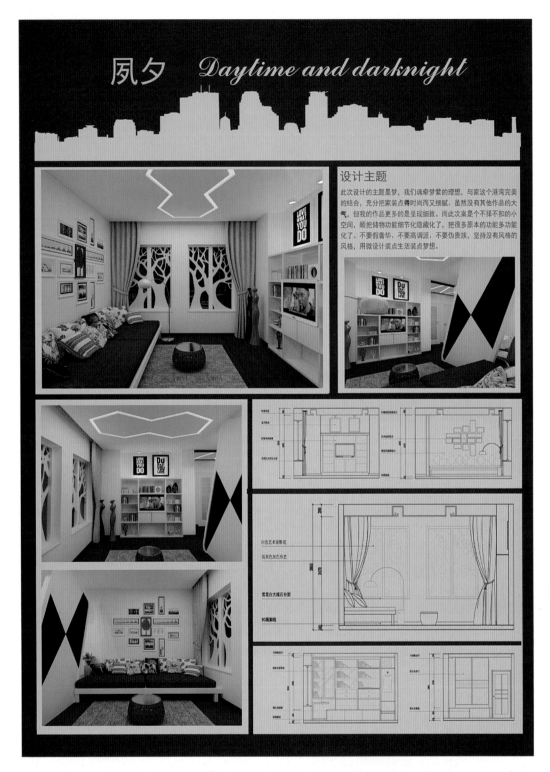

图6-15　夙夕住宅空间方案设计（学生：高莎莉　指导老师：袁华）

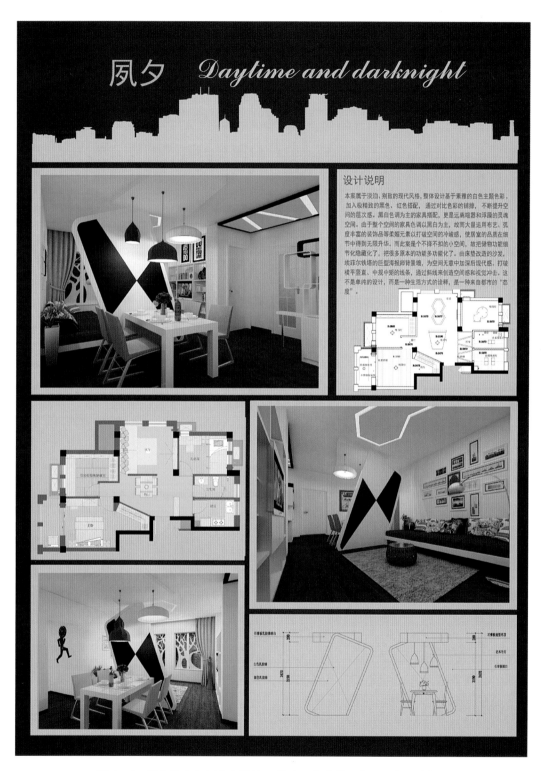

图 6-16　凤夕住宅空间方案设计（学生：高莎莉　指导老师：袁华）

第7章 办公空间设计

学习目标：

1. 通过对本章的学习，了解现代办公空间的分类及其特点。
2. 掌握办公空间的设计程序和设计的基本要素。
3. 学会办公空间家具的选择和布置方法。
4. 懂得办公空间的功能划分。

学习重点：

1. 掌握办公空间的设计程序和设计的基本要素。
2. 懂得办公空间的功能划分及办公室内的防火、防盗和其他安全要素方面的知识。

学习建议：

了解办公空间的功能及分类，按照学习重点有计划地学习，逐步掌握设计方法及规律，并通过实训课题的训练，提高自己的设计能力。

7.1 办公空间设计的基本概念

为了企业行为而聚集起来办公是早期出现的办公形态，这个形态的形成可以追溯到几个世纪之前，而办公场所的发展是随着企业的管理模式而演变发展的。当时的办公场所多是设置在相应的建筑物中，这个建筑可能是一个废弃的教堂或车站、工厂车间或是一个富人闲置的宅坻，也并不需要做太大改动，只要把桌、椅、文具搬进去，即是一个办公空间。如果说对管理有一定的考虑也基本集中在是否看管方便（图7-1）。

直到20世纪30、40年代后，银行业、保险业和传统制造业开始考虑人的因素，把人本主义的管理概念应用到企业形态中。企业办公楼、企业办公室才作为一类建筑和空间形式被人们注意。为了表现实力，办公场所的设计给人以可依赖的形象。

图7-1 几个世纪以前的办公场所

随着近年来IT产业和诸多边缘行业的发展，企业空间的设计也逐渐多样化。人们对企业空间的认识和需求也日趋多元化。相应地，人们也开始习惯通过其空间质量及表象来判别一个企业的各方面的素质，而这种判别也变得越来越细微而准确。

现代办公空间的设计是展现公司文化、企业实力、专业水准的窗口，好的设计能够让企业员工发挥工作上的能动性；能够帮助员工思维活动和决策事务，更能够给人良好的精神文化需求，使工作环境变成一种享受，使安静、灵动的感觉洋溢在整个空间里。

7.2 办公空间设计的基本划分

办公空间的设计一定要体现公司独特的文化。将企业文化与经营理念统一设计，利用整体表达体系（尤其是视觉表达系统）传达给企业内部与公众，使其对企业产生一致的认同感，以形成良好的企业印象，最终促进企业产品和服务的销售。公司标志、标准色、标准色搭配所表达的内容是一个公司传递给生意伙伴的第一张"名片"，企业可通过整体形象设计尤其是在装修风格上将公司的产品、服务和服务对象向公众展示，企业形象设计应考虑进每一个细节，特别是应浓缩企业的文化精华，调动企业每个职员的积极性和归属感、认同感，使各职能部门能各行其职、有效合作（图7-2）。

图7-2 办公空间设计应体现企业文化

7.2.1 办公空间按照布局形式划分的类别

办公空间应根据其使用性质、规模与标准的不同确定设计方向。从办公室的布局形式来看，主要分为独立式办公室、开放式办公室、智能办公室三大类。

1. 独立式办公室

独立式办公室是以部门或工作性质为单位划分，分别安排在大小和形状不同的空间之中。这种布局优点是各独立空间相互干扰少，灯光、空调系统可独立控制，同时可以用不同的装饰材料将空间分成封闭式、透明式或半透明式，以便满足使用者不同的使用要求。独立式办公室面积一般不大，常用开间为3.6m、4.2m、6.0m，进深为4.8m、5.4m、6.0m，缺点是空间不够开阔，各相关部门之间的联系不够直接与方便，受室内面积限制，通常配置的办公设施比较简单。独立式办公室适用于需要小间办公功能的机构或需安静、独立开发的人群（图7-3）。

图7-3 独立式办公室

在20世纪90年代初期大开间办公室风靡一时的时候，比尔·盖茨却坚持给他的程序员不论职位高低，每人一个11m^{2}的独立办公室，让每个人在这个相对独立的空间里按照自己的个性布置。在这种充分尊重个性的环境中，开发人员的智慧才能得到充分发挥。这样的办公室环境昭示着一种思想：人人平等、张扬个性，这和微软"尊重个人创造力"的形象相得益彰。

2. 开放式办公室

开放式办公室最早兴起于20世纪50年代末的德国，它是将若干部门置于一个大空间之中，在现代企业的办公环境中比较多见。开放式办公室有利于提高办公设备、设施的利用率，减少了公共交通和结构面积，缩小了人均办公面积，提高了空间使用率。开放式办公空间多设在办公场所的中心区，利用家具和绿化小品等对办公空间进行灵活隔断，且家具、隔断均为模数化，具有灵活拼接组装的可能，形成自己相对独立的区域，互相之间既能相互联系又能相互监督。

开放式办公室在设计中要严格遵照人体工程学所研究的人体尺度和活动空间尺寸来进行合理的安排；注意人流的组织空间，一般要按照不同性质、不同使用目的，根据工作人员的团组需要进行分区布置，组织成各个小的个体，利用不同的设计手法，以人为本进行人性化设计，关注办公人员的私密性和心理感受能力。在设计时应注意造型流畅、简洁明快，避免过多的装饰分散工作人员的注意力，可以用植物装点各个角落，通过光影的应用效果，在较小的空间内制造变化，在线条和光影变幻之间得到心灵的净化，舒缓工作的压力（图7-4）。

图7-4 开放式办公室

3. 智能办公室

智能办公室具有先进的通信系统：即具有数字专用交换机、内外通信系统，能够快捷地提供各种通信服务、网络服务的系统；具有先进的办公自动化系统：其中每位成员都能够利用网络系统完成各项业务工作，同时通过数字交换技术和电脑网络使文件传递无纸化、自动化，设置远程视频会议系统，具有OA系统的办公特点。可通过计算机终端、多功能电话、电子对讲系统等来操作。在设计此类办公系统时应与专业的设计单位协作完成，在室内空间与界面设计时予以充分考虑与安排。

近年来随着各种资讯产品（个人电脑、手提电脑、输入输出设备、因特网、移动电话等）的普及，人们的工作方式也在发生着新的变化，出现了工作沟通方式的多元化、新的价值观、新的工作形态及以及新的办公空间。

据美国"富士比杂志"调查，到2005年，美国已有一半以上的劳动人口是属于SOHO族。中国北京市近年注册的小型公司，近30%把办公地点选择在家中，在广州、深圳、上海地区，这一比例高达35%。知识型、智能型的行业：作者、编辑、设计师、建筑师、律师、会计师……，都具备在家办公的条件。SOHO是新的工作方式，个性化、小型化、一体化为其特点。SOHO空间同时也是拥有无限商机的新兴办公空间及办公家具市场（图7-5）。

7.2.2　办公空间按照使用功能划分的类别

从办公空间使用功能的不同性质划分，可分为：门厅、接待室、工作室、管理人员办公室、高级主管人员办公室、会议室、设备与资料室、通道等几大类。

1. 门厅

门厅无论在家庭装饰和各类建筑装饰中，都是较重要的位置。装饰门厅就和行文一样，有一个好的开篇实在是太重要了，它是对来宾的第一声问候，浓缩了全局设计风格，也是企业形象彰显突出的地方。办公空间的门厅面积一般在几十至一百余平方米较合适，在门厅范围内可根据需要在合适的地方设置接待台和等待的休息区。面积允许且讲究的门厅可安排一定的绿化小景和展品陈列区（图7-6）。

图7-5　SOHO 空间

图7-6　门厅设计

2. 接待室

接待室是接待和洽谈的地方，往往也是产品展示的地方。在设计中应注意提升企业文化，给人以温馨、和谐的感觉。面积通常在十几至几十平方米之间。接待室（会客室）设计是企业对外交往的窗口，设置的数量、规格要根据企业公共关系活动的实际情况而定。接待室要提倡公用，以提高利用率。接待室的布置要干净、美观、大方，可摆放一些企业标志物和绿色植物，以体现企业形象和烘托室内气氛（图7-7）。

图7-7　某公司接待室

3. 工作室

工作室即员工办公室，是根据工作需要和部门人数，依据建筑结构而设定的面积及位置。如独立式办公室，则应根据功能的不同进行划分；开敞形办公室要根据人数和办公职能的不同以及团队的组合方式进行划分。一定要注意使用方便、合理、安全，还要注意与整体风格相协调（图7-8）。

4. 管理人员办公室

通常为部门主管而设，一般应紧靠所管辖的部门员工。可作独立式或半独立的空间安排。室内一般设有办公台椅、文件柜、还设有接待谈话的椅子和沙发茶几等设施。

图7-8　某公司工作室

5. 会议室

会议室是办公室空间中重要的地方，因为在这里可以"碰撞"出绝好的创意；而匠心独具的设计或许会成为此创意的背景。会议室应设置在远离外界嘈杂、喧哗的位置。从安全角度考虑，应有宽敞的入口与出口及紧急疏散通道，并应有配套的防火、防烟报警装置及消防器材。会议室的设置应符合防止泄密、便于使用和尽量减少外来噪声干扰的要求。

会议室是企业必不可少的办公配套用房，一般分为大、中、小不同类型，有的企业中小会议室有多间。大的会议室常采用教室或报告厅式布局，座位分主席台和听众席；中小会议室常采用圆桌或长条桌式布局，与会人员围坐，利于开展讨论。会议室布置应简单朴素、光线充足、空气流通。可以采用企业标准色装修墙面，或在里面悬挂企业旗帜，或在讲台、会议桌上摆放企业标志（物），以突出本企业特点。

会议室的平面布局主要根据现有空间的大小、与会人数的多少及会议的举行方式来确定，会议室设计的重点是会议家具的布置、会议家具使用时的必要活动空间及交往通行的尺度。墙面要选择吸声效果强的材料，可以通过墙纸和软包来增加吸声效果，如果是轻钢龙骨和石膏板加工而成的隔墙，还要在墙体中添加吸声材料。会议室室内应安装空调，以创造稳定的温度、湿度环境，空调的噪声应该比较低，如室内空调噪声过大，就会大大影响该会场的音频效果（图7-9、图7-10）。

图7-9　会议室（一）

图7-10　会议室（二）

6. 高级主管人员办公室

处于企业决策层的董事长、执行董事、或正副厂长（总经理）、党委书记等主要领导的办公室环境在保守企业机密、传播企业形象等方面有一些特殊的需要。因此，这类人员的办公室布置有如下特点：第一，相对封闭。一般是一人一间单独的办公室，有不少企业都将高层领导的办公室安排在办公大楼的最高层或平面结构最深处，目的就是创造一个安静、安全、少受打扰的环境。第二，相对宽敞。除了考虑使用面积略大之外，一般注意采光、照明的设计，目的是为了扩大视觉空间。第三，方便工作。一般要把接待室、会议室、秘书办公室等安排在靠近决策层人员办公室的位置，有不少企业的厂长（经理）办公室都建成套间，外间就安排接待室或秘书办公室。第四，特色鲜明。企业领导的办公室要反映企业形象，具有企业特色，例如墙面色彩采用企业标准色、办公桌上摆放国旗和企业旗帜以及企业标志、墙角安置企业吉祥物等等（图7-11）。

图7-11　某公司高级主管人员办公室

7. 设备与资料室

布局安排应合理，适宜使用、注重保密性，同时对设备要方便调节、保养和维护，要考虑防火、防盗等问题（图7-12）。

8. 通道

通道是工作人员必经之路，主通道宽度不应小于1800mm，次通道不应窄于1200mm。在设计上应简洁大方，在无开窗的情况下，要用灯光布置出良好的氛围（图7-13、图7-14）。

图7-12　某建筑事务所资料室　　　　图7-13　通道（一）　　　　图7-14　通道（二）

办公空间设计常用参数见表7-1。

表7-1　办公空间设计常用参数

空　　间	面积定额/（m²/每人）	备　　注
一般办公室	3.5	不包括过道
	7	包括过道
高级办公室	24～36	大
	20	中
	9	小
打印室	6.5	按每个电脑计
档案室	9.5	包括储藏柜
设计绘图桌	4～4.5	
会议室	0.5	无会议桌
	2.3	有会议桌

7.3　办公空间的设计要求

西装是最能体现裁缝、设计功底的类型，他对理性尺度把握非常严谨，好的西装设计师可以在其共性和各种限制下做出适合的变化和个性，办公空间设计也是如此。空间设计要解决的首先问题是如何使员工以最有效的状态在里面工作，这也是办公空间设计的根本，而更深层次的则是透过设计来对工作方式产生反思。以心灵的诉求来展现人文的办公观念；以艺术的角度来展现科技的办公家具；以建筑的手法来展现环保的办公环境。

办公空间设计主要包括办公用房的规划、装修，室内色彩及灯光音响的设计，办公家具、办公用品及装饰品的配备和摆设等内容。

7.3.1 办公室的界面处理

办公室室内各界面在设计时应考虑管线铺设、连接与维修的方便，选用不易积灰、易于清洁、能防止静电的底、侧面材料。界面的总体环境色调宜淡雅，如浅绿、浅蓝、米黄色、象牙色等等，不仅能够提高工作效率，更能开阔思路，激发潜能。

1. 平面布局

根据办公功能对空间的需求来诠释对空间的理解，通过优化的平面布局来体现独具匠心的设计。

（1）平面布局设计首先应把功能性放在第一位，根据使用性质和现实需要来确定各类用房之间的面积分配比例、房间的大小、数量，还要适当考虑以后功能、设施可能发生的调整变化（图7-15）。

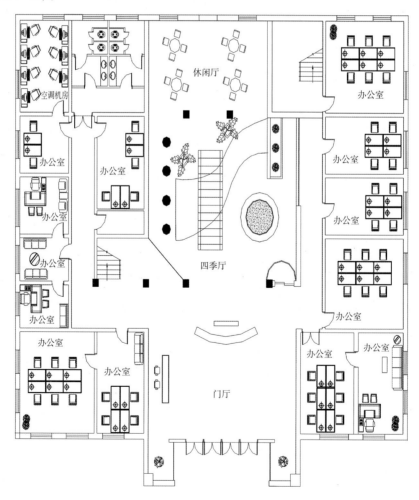

图 7-15 某公司平面布局

（2）根据各类用房的功能性以及对外联系的密切程度来确定房间的位置，对外联系较密切的职能部门应布置在临近出、入口的主干道处，如：门厅、收发室、咨询室等。会客室和有对外性质的会议室、多功能厅设置在临近出、入口的主干道处。从业务的角度考虑，通常平面布局的顺序是：门厅、接待、洽谈、工作、审阅、业务领导、高级领导、董事会。此外，每个工作程序还会有相关的功能区辅助和支持。如：领导部门常需办公、秘书、调研、财务等部门为其服务，这些辅助部门应根据其工作性质放在合适的位置。

图 7-16　办公室

（3）安全通道的位置应便于紧急时刻疏散人流，从安全通道和便于通行的角度考虑，袋形走道远端的房门到楼梯口的距离不应大于 22m，走道净高不低于 2100mm。

（4）办公场所内要有合理、明确的导向性，即人在空间内的流向应顺而不乱，流通空间充足、有规律。可通过顶面、地面材质的图案或变化进行引导（图 7-16）。

（5）员工工作区域是办公空间设计中的主体部分。在这种办公区域，隔断的高度、位置以及角度可以把员工的归类和公司信息的流程处理清楚，即保证了员工的私密性，同时也保证了功能的流程，便于管理和及时沟通，提高了工作效率（图 7-17、图 7-18）。

图 7-17　员工工作区域（一）

图 7-18　员工工作区域（二）

（6）员工休息区以及公司内的公共区域通常是缓解工作压力，增加人与人之间沟通的地方。工作之余，员工们可以聊聊天，喝喝咖啡，让工作环境有家的感觉，从而打破了 8 小时的工作差别性，让员工拥有更愉快地工作体验（图 7-19）。

（7）办公室地面布局要考虑家具、设备尺寸，办公人员的工作位置和必要的活动空间尺度。依据功能的要求、排列组合方式确定办公人员位置，各工作位置之间既要联系方便，又要尽可能避免过多的穿插，减少人员走动时干扰其他人员办公（图 7-20）。

2. 侧立面布局

办公室的侧立面是我们感受视觉冲击力最强的地方，它直接显示出对办公室氛围的感受。立面主要从四个方面进行设计：门、窗、壁、隔断。

图 7-19　员工休息区　　　　　　　　　　　　　　　图 7-20　办公室地面布局

（1）门。包括大门、独立式办公空间的房间门。大门一般比较宽大，有两扇、四扇、六扇甚至八扇门的。其宽度在 1600～1900mm 之间，外加通花的防盗门，用得最多的是不锈钢的卷闸门，也有全封闭的卷闸门，但感档次不高。房间门可按办公室的使用功能、人流量的不同而设计。有单门、双门、通透式、全闭式、推开式、推拉式等不同的使用方式，有各种造型、档次和形式。当同一个办公空间出现多个门的时候，应在整体形象的主调上将造型、材质、色彩与风格相统一、相协调（图 7-21、图 7-22）。

图 7-21　门的颜色与整体环境　　　　　　　　　　图 7-22　办公室房间门
　　　　　协调并富有现代气息

（2）窗。窗的装饰一般应和门及整体设计相呼应。在具备相应的窗台板、内窗套的基础上，还应考虑窗帘的样式及图案。一般办公空间的窗帘和居室的窗帘有些不同，尽量不出现大的花色、图案和艳丽的色彩。可利用窗帘多样化的特性选用具有透光效果的窗帘来增加室内的气氛。在窗台还可摆放一些小型的绿色植物，既净化了室内空气又使原本恬静、素雅的空间增添了盎然生机（图 7-23、图 7-24）。

（3）墙。墙是比较重要的设计内容，它往往是工作区域组成的一部分，好的墙面设计可以给室内增添出人意料的效果。办公室的墙面通常有两种结构，一是由于安全和隔声的需要而做的实墙结构；一是用玻璃或壁柜做的隔断墙结构。

（4）实墙结构。要注意墙体本身的重量对楼层的影响，如果不是在梁上的墙，应采用轻质或轻钢龙骨石膏板，但是在施工的时候一定注意隔声和防盗的要求，采用加厚板材、加隔声材料、防火材料等手段（图 7-25）。

图 7-23　办公室窗（一）　　　　　　　　　　　图 7-24　办公室窗（二）

（5）玻璃隔断墙。玻璃隔断墙是一般办公室较为常用的装饰手段，特别是在走廊间壁等地方，一是领导可以对各部门的情况一目了然，便于管理；二是可以使同样的空间显得明亮宽敞，加上磨砂玻璃和艺术玻璃的艺术加工，又给室内增添了不少的情趣（图 7-26）。

图 7-25　办公楼墙体装饰　　　　　　　　　　　图 7-26　玻璃隔断墙

玻璃隔断墙有落地式、半段式、局部式几种。

落地式的优点是：通透、明亮、简洁。因面积大，故应采用较厚的玻璃（如 12mm 或以上，如造价允许最好用钢化玻璃）。落地玻璃固定在高 100～300mm 的金属或石材基座上，既耐脏又防撞。

半段式玻璃隔断是在 800～900mm 的高度上做玻璃间隔，下面可做文件柜。这种形式的隔断墙比较适合空间紧凑的办公室。局部式隔断墙是在间壁的某部分做玻璃间隔，可以是落地式也可是半段式，这种设计可结合办公室的结构特点灵活地进行分隔，但要注意整体风格的统一性。

墙的装饰对美化环境、突出企业文化形象起到重要的作用。不同行业有不同的工作特点，在美化环境的同时还应突出企业文化，如高新技术公司可利用自身的优点悬挂具有视觉冲击力的宣传海报或图片，设计创意公司可将自己的设计或创意悬挂或摆放出来，即装点了墙面，又宣传了公司业务。墙面装饰还可以挂一些较流行的韵律感强的或抽象的装饰绘画，还可悬挂一些名人字画或摆放具有纪念意义的艺术品。墙面比较适合涂装亚光涂料、壁纸、壁布也很合适，因为可以增加静音效果、避免眩光，让情绪少受环境的影响（图7-27）。

3. 顶平面设计

办公室顶界面应质轻并且有一定的光反射和吸声功能。顶界面设计中最为关键的是必须与空调、消防、照明等有关设施工种密切配合，尽可能使平顶上部各类管线协调配置，在空间高度和平面布置上排列有序（图7-28、图7-29）。

图7-27　墙面装饰

顶部的装饰手法讲究均衡、对比、融合等设计原则，吊顶的艺术特点主要体现在色彩的变化、造型的形势、材料的质地、图案的安排等。在材料、色彩、装饰手法上应与墙面、地面协调统一，避免太过夸张。

图7-28　办公室吊顶（一）

图7-29　办公室吊顶（二）

顶棚的分类有很多方式，按顶棚装饰层面与结构等基层关系可分为直接式和悬吊式。

直接式顶棚，在建筑空间上部的结构底面直接作抹灰、涂刷、裱糊等工艺的饰面处理，内部无需预留空间，因此，不会牺牲原有的建筑室内高度，且构造简单、造价低廉。由于无夹层结构及面层的遮挡，顶部结构和设备暴露在外，只有通过色彩等手段来进行虚化和统一。事实上，有些顶棚为充分展现其结构美，甚至干脆将其涂上鲜艳颜色予以强调。

悬吊式顶棚：吊顶系统基本由吊筋、龙骨、装饰面层三部分组成。可摆脱结构条件的束缚，形式、高度更加灵活和丰富，还有保温隔热、吸声隔声等作用，对于有空调、暖气的家庭，还可以节约能耗。

7.3.2　办公室设计的基本要素

从办公室的特征与功能要求来看，办公室设计有如下几个基本要素：

1. 秩序感

办公空间设计中的秩序是指形的反复、形的节奏、形的完整和形的简洁，办公室设计也正是运用这一基本理论来创造一种安静、平和与整洁环境，使人置身其中不感到纷繁与杂乱，不感到迷惑与不安（图7-30）。

办公室设计要有良好的秩序，例如家具样式与色彩的统一；平面布置的规整性；隔断高

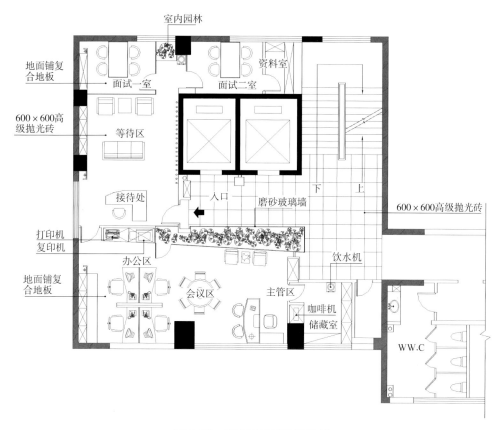

图 7-30　平面图展现的秩序感

低尺寸与色彩材料的统一；天棚的造型设计与墙面的装饰；合理的室内色调及人流的导向等都与秩序密切相关，在开放式办公空间的设计中秩序感尤为重要（图 7-31、图 7-32）。

图 7-31　具有秩序感的会议室

图 7-32　具有秩序感的办公室

2. 明快感

具有明快感的办公室会给人一种清新的感觉，明快的色调还可在白天增加室内的采光度。办公环境的色调干净明亮，灯光布置合理，有充足的光线，这也是办公室的功能要求所决定的。在色彩设计中还可以将明度较高的绿色引入到办公室中，从而创造一种春意盎然的感觉，这是明快感创意手段的运用（图 7-33、图 7-34）。

图 7-33　具有明快感的办公室（一）

图 7-34　具有明快感的办公室（二）

3. 现代感

为了提高办公设备、设施的利用率，减少公共交通和结构面积，提高空间使用率；为了便于思想交流，加强管理，我国许多企业的办公室往往采用了共享空间—开敞式设计，这种设计已成为现代新型办公室的特征，它形成了现代办公室新空间的概念。在设计时，还可将自然环境引入室内，绿化室内外的环境，给办公环境带来一派生机。既舒缓了高度紧张的视觉神经，又为室内增添了"空气过滤器"（图 7-35、图7-36）。

图 7-35　具有现代感的办公室（一）

图 7-36　具有现代感的办公室（二）

7.4　办公室的采光与照明

办公空间的照明方式主要由自然光源与人工光源组成。

7.4.1　自然光源对办公环境的影响

自然光源的引入与办公室的开窗有直接关系，窗的大小和自然光的强度及角度的差异会对心理与视觉产生很大的影响。一般来说，窗的开敞越大，自然光的漫射度就越大，但是自然光过强却会对办公室内产生刺激感，不利于办公心境，尤其是对于电脑位置的摆放有了更加严格的要求，为了避免阳光对电脑设备的直射，产生反光，可将窗帘设置成百叶窗的形式，还可使用光线柔和的窗帘装饰设计，使光能经过二次处理，变为舒适光源（图 7-37）。

7.4.2　人工光源对办公环境的影响

不同的材料可以产生不同的空间感受，灯光是决定效果最有影响的因素之一，并且具有超价值的创造和破坏力。我们的设计方针是使用最少的消耗而获得最大的舒适度。

在办公环境中，灯光的设计可以采用整体照明和局部照明相结合的方法进行布置。在大范围的空间中宜使用整体照明，可采用匀称的镶嵌于天棚上的固定照明，这种形式的照明为工作面提供了均匀的照度，可帮助划分空间的界面（图7-38）。

图7-37　自然光源对办公环境的影响　　　图7-38　人工光源对办公环境的影响

为了节约能源或突出重点设计，可采用局部照明，在工作需要的地方再设置光源，并且提供开关和灯光减弱装备，使照明水平能适应不同变化的需要。

7.4.3　办公空间照明设计应注意的问题

办公室天棚的亮度以适中为宜，不可过于明亮，可采用半间接照明方式；办公空间的工作时间主要是白天，有大量的天然光从窗口照射进来，因此，办公室的照明设计应考虑到与自然光如何相互调节补充而形成合理的光环境；还要考虑到墙面色彩、材质和空间朝向等问题，以确定照明的照度和光色，办公楼的照度设置（办公楼照度标准推荐值见表5-5），但是在相同空间的重点部位，比如写字台等的照度还是有所要求的（不同办公空间照度推荐值见表7-2）。光的设计与室内三大界面的装饰有着密切关系，如果墙体与天棚的装饰材料是吸光性材料，在光的照度设计上就应当调整提高，如果室内界面装饰用的是反射性材料，应适当调整降低光照度，以使光环境更为舒适。在光色的选择上，高亮度暖色调光环境适于经理室、会议室等地方，低亮度冷色调光环境适于视觉和思维工作（图7-39、图7-40）。

图7-39　办公室空间照明（一）　　　　图7-40　办公室空间照明（二）

表 7-2　不同办公空间照度推荐值

不同办公空间	推荐照度/(lx)	衡 量 位 置
一般办公室	500	办公桌面
进深大的一般办公室	750	办公桌面
打印室	750	抄本
档案室	300	档案标签
设计绘图室	750	图板
会议室	750	会议桌面
计算机室	500	工作面
资料室	500	桌面

7.5　办公家具

在科技、信息技术迅速发展的今天，信息技术的每一项革新和发明，电话、计算器、传真机、电脑、国际互联网……都与办公建筑与办公家具紧密相连，现代办公家具不仅提高了办公效率，而且也成为现代家具的主要造型形式和美学典范，在现代家具中独树一帜，自成体系，是现代家具中的主导性产品。

7.5.1　现代办公家具的式样

现代办公家具主要有：大班台、办公桌、会议台、隔断、接待台屏风、电脑台、办公椅、文件柜、资料架、底柜、高柜、吊柜等单体家具和标准部件组合，可以按照单体设计、单元设计、组合设计、整体建筑配套设计等方式构成开放、互动、高效、多功能、自动化、智能化的现代办公空间。

现代办公家具设计将两个现代观念推向极限：理智和效果，并因此产生许多不同的家具样式和美学典范（图 7-41 ～图 7-46）。

新概念电脑工作台：主要承载各种资讯产品（个人电脑、手提电脑、输入输出设备、因特网、移动电话……）；使工作沟通方式变得多元化，形成了新的价值观、新的工作形态及办公空间；机动性、灵活性、创造了一体化多功能工作空间的新理念（图 7-47、图 7-48）。

图 7-41　现代办公家具（一）

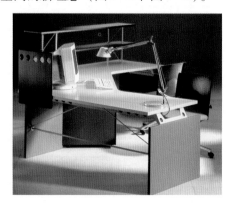

图 7-42　现代办公家具（二）

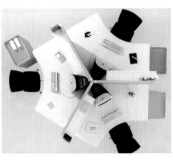

图 7-43　现代办公家具（三）　　图 7-44　现代办公家具（四）　　图 7-45　现代办公家具（五）

图 7-46　现代办公家具（六）　　图 7-47　新概念电脑工作台（一）　　图 7-48　新概念电脑工作台（二）

在色彩设计上采用冷色居多，这有助于使用者心理平衡、情绪安定。简单的家具布局可以突出主人的志向和情趣，使人产生高雅之感。也可将色彩进行变化：从蓝、灰、白的中性色变化为红、黄、蓝、黑、白的鲜艳色，使办公家具成为一道亮丽的风景线。

7.5.2　IT 时代的办公家具新形态

随着"网络科技"的愈演愈烈，为网络一族打造一个全方位的工作环境，已成为当今居家设计的新趋势。"家"的定义，不再只是给予人们单纯的相聚、休息，工作与家庭的结合带来了复合式的新生活形态，这就使具有办公功能的书房的设计显得格外重要。

1. 个性化

将书房的基本元素任意组合，电脑桌、电脑椅、各式组合的书柜、书架以及休闲小沙发的摆放形式，都能充分展现出属于自我的个性。在发挥创意、想象、专长、才能的工作空间里，"非凡"的整体家居设计能尽情地挥洒，无论是一个大器的书柜还是一个多用的工作台，乃至一个小巧的书架，从装修风格的总体把握到每件家具细节的处理，"非凡"的独特创意，更赋予了书房中每件作品以生命的灵性。

2. 舒适度

在一个称作书房的空间里，"书"是使用最为频繁的工具。为了能够好好地保存它，利用书柜妥善地进行收藏是非常重要的。无论是大型书柜还是开放式的书架，都可依不同的需要和空间状况使其适得其所。如果它够大够高的话，还可用于墙面的装潢，或者空间的间隔。

灯光也是书房中很重要的成员，分布均匀的暖色调光源最适合读书，而书柜中或书柜前最好加装几盏小射灯，不仅美观，查找书籍时也较容易。当然，工作台上一定要有一盏可调明暗的台灯，以便于阅读。

3. 私密空间

每当夜深人静，网络一族就废寝忘食，贪婪地寻找着在线一方的"伊妹"。这就让我们的"家庭工作室"显得格外重要。设计一个舒适、放松、可以遨游网络、发挥创意的自我空间，是特别需要考虑的重要因素。

无论书桌与电脑台是否连接，L 形的台面是工作与上网的工作台首选方案。台面下一定要有一个足够大的键盘架，最好能放得下鼠标，为了能让双足有充分的伸展空间，台面下能空则空，最多加一个小推柜即可。如果有空间，在电脑台旁摆放一个半高的小文件柜或书架，或是在工作台的墙面上搭几块隔板，就会让文件、书籍、光盘的拿取变得轻而易举。书桌的摆放位置与窗户位置很有关系，一要考虑光线的角度，二要考虑避免电脑屏幕的眩光。

工作室中的沙发，舒适是首选原则，质地要好，使双腿可以自由伸展，以消除久坐后的疲劳。工作台则要根据自己的身高来推算，高度在 75～78cm 之间比较合适。而地面到桌子底部的高度不能小于 58cm，以便双腿有自由活动的区域。座椅应与工作台配套，柔软舒适，以转椅为佳，高度在 38～45cm 之间较为合适。

7.6　办公空间设计实训

设计是一个充满创造性的思维活动，我们在接到设计任务后，要通过创造性思维活动并通过绘制图形等进行方案的表达，以满足委托方的要求。

在设计中既要满足空间的功能性、实用性，又要满足人们的感官享受及心理与情感上的需求。要了解材料的价值与功能，材料与技术必须根据设计用途合理使用。

要对空间的组织与形态有充分的认知和了解。合理分析建筑空间的平面布置、空间特征、空间尺度和形状、色彩与构成。在体验室内的过程中，不断调动各种感官器官来感受空间的形状、大小、远近、方位、光线的变化，感受空间所给人的直观的心里感受，从而获得对空间的整体认知。

掌握空间和平面的基本尺度的转换，分析室内平面空间的组织方式，确定组织结构形式，借用空间组合如：包容、邻接、穿插、过渡、借景等手法进行空间群体的设计。在了解常规材料的种类、性能、质感、构造的基础上关注新材料的出现，适当的运用使自己的作品富有新意。

在进行色彩计划中，要符合使用空间的功能；使用者的喜好、风俗习惯；根据采光条件合理地布置光源及照度，以满足人们视觉功能的需要。一般在办公环境中的照度应在 300～500Lx 之间，应注意眩光对人眼的损害，可采用局部照明、环境照明、重点照明等方式。

注重陈设计与室内空间的和谐统一，可利用家具来划分空间、丰富空间、调节空间、点睛空间；利用艺术品来塑造空间的意境；利用绿化来净化空气、美化环境、陶冶情操、提高工作效率，改善和渲染空间气氛。

办公室装修与家居等装修的实施有两个较大的分别：

（1）委托方只有较少的时间亲自办理此事。所以在伊始时关注较多，后期主要停留在进度的问题上。

（2）对工程质量的要求往往没有家居装修那么高。这是由于商业场所一般都要付较高的租金，委托方更重视的是场地投入使用的时间也就是工程进度的问题。工程质量一般比不上家居装修的标准。

办公室装修一般有两种原因：一是：新购（租）的办公室；二是：二期装修。有一些新购（租）的办公室装修是公司新开办下装修的，那么委托方用于工程监工的时间就更少了。

在设计时要将公司的经营范围、客户定位与装修风格、陈设、配置等问题调研清楚，分析、权衡公司在此办公的期限与投入的平衡，特别是金融财经类的公司往往需要通过豪华的装修展示公司的实力。

优秀的办公空间设计能给人一种整体的风格，富有视觉冲击感，这也是设计风格的一种趋势。

（1）通过设计、用料和规模，来体现企业实力。

（2）通过精心的平面布局，使各个空间既有个性又与整体风格保持一致。

（3）在大面积的用料上规整、庄重，例如 600mm×600mm 的块形吊顶和地毯，已经成为一种办公室的标识。

（4）重复使用企业独有的设计元素，使其成为企业标识。

（5）注重客户和员工的反映，使设计得到他们的认同，进而增强企业的凝聚力和社会公信力。

多数的办公室主人希望在办公室中给予客户三个感觉：实力、专业、规模。这些印象可在生意伙伴接触的前台、会议室、经理办公室中集中体现出来。

前厅是体现公司形象的门户所在，客户和生意伙伴的第一印象从前台开始，因此前厅的设计绝对不能草率。前面所述及的几种风格，在前厅一眼就能分辨出来。不同风格的前厅除设计的因素以外，材质是影响最大的因素，而从细节上来说，最主要是一些用料的考究。

作为大多数客户必到的会议室，不仅要表达整体形象，而且要采用设计策略，减少对抗，为自己和生意伙伴创造愉快放松的商务洽谈氛围，为商业洽谈的成功助力。特别是在设计会议桌时，要尽量避开一种谈判的对峙布局。即便无可避免，亦应尽量予以柔化。另一方面，注意使用现代化高科技设备，例如投影幕、音响等等，从而提高商业洽淡成功率。

会议室在光线设计上应较为明亮。除了在使用投影幕的时候需要一种较暗的光线环境外，其他的时候，明亮的光线可以使客户的心态放松。因此，一个适当大小、留有一定活动空间的会议室，往往能使客户的心理松懈，有利于洽谈。

7.6.1 设计任务书

1. 设计课题——小型设计事务所设计

通过对小型设计事务所设计，使学生掌握公共空间设计的方法与程序，了解办公空间在设计、施工时容易出现的问题及解决的方法与策略。使学生在设计的同时，做到各门学科融会贯通。了解当今市场的装饰材料，研究怎样运用好材料来丰富设计。

2. 设计理念

以人为本，融入现代的设计理念，让使用功能与精神功能结合，合理划分空间的顶面、地面、墙面等各个界面，使室内设计的风格、功能、材质、肌理、颜色等更突出该企业的整体形象，在功能上更满足办公人员需求，从而提高员工整体的工作效能，并能从中获得工作的乐趣，减轻工作的压力，舒缓紧张的神经。

3. 设计内容

尽最大的努力满足业主的实际要求。我们的目标是领导设计潮流，但在同时又要符合市场规律，在设计时既尊重甲方的现实需要，又要做到引导甲方的思想，使其能够理解设计师的设计意图，只有相互的真诚合作才能创作出优秀的作品。

办公室设计有三个层次的目标，第一层次是经济实用，办公环境不同于酒店、家居，一方面要满足实用要求、给办公人员的工作带来方便，另一方面要尽量低费用、追求最佳的功能费用比；第二层次是美观大方，能够充分满足人的生理和心理需要，创造出一个赏心悦目的良好工作环境；第三层次是独具品味，办公室是企业文化的物质载体，要努力体现企业物质文化和精神文化，反映企业的特色和形象，对置身其中的工作人员产生积极的、和谐的影响。这三个层次的目标虽然由低到高、由易到难，但它们不是孤立的，而是有着紧密的内在联系，出色的办公室设计应该努力同时实现这三个目标。

4. 图样表达

（1）室内平面图和顶面图。

（2）主要空间的各个立面图（图7-49）。

（3）设计草图（图7-50）。

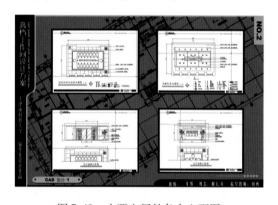

图7-49　主要空间的各个立面图　　　　　　图7-50　设计草图

（4）主要空间的透视效果图（图7-51）。

图7-51　主要空间透视效果图

（5）剖切大样、节点图（图7-52）。

（6）A3图样，比例：1:50、1:25、1:10、1:5等。

（7）要求图样系统而完整。

5. 进度要求

第1~8学时：下达设计课题任务书，构思草图。

第9~24学时：完成室内平面设计及主立面设计，并绘制三视图。

第25~32学时：绘制主要空间效果图。

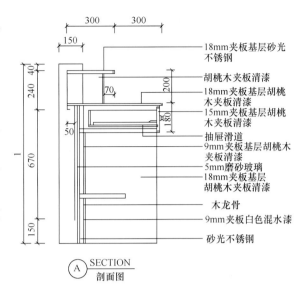

图7-52　剖切大样、节点图

7.6.2　设计过程

1. 分析

拿到设计课题以后，首先要了解业主的基本情况，业主的身份，文化水平的高低以及对空间使用、环境形象的要求；他对本企业的发展规划及市场预测的了解程度；详细了解办公室的坐落地点、楼层、总面积、房间朝向、甲方的使用功能、公司人员的数量、其工作人员的年龄和文化层次。

还要了解公司的性质及工作职能，事务所的工作方式；企业的CI设计，在设计中如何体现企业形象；整体项目的投入资金如何。

资金的投入多少直接影响着设计的水准。离开了充分的资金支持一切都为空谈！只有分析并了解了设计对象，才能明确设计方向，充分做好准备，合理、高效地进行系统的设计。

2. 空间初步规划

空间规划是设计的首要任务，主要工作是确定平面的布局，各个使用空间的具体摆放。根据空间的结构特点，业主对空间提出具体的使用要求，事务所运行的具体模式以及职能部门之间的业务需求，然后对整个办公空间进行合理的区域划分。

根据事务所的职能需求及办公特征，与业主进行沟通后确定设计的思路为开放式的办公空间共享与个人的办公空间相结合的空间规划。这是既符合现代办公的环境又符合个人需求的办公空间。

（1）确定空间设计目标。办公空间设计的目标是为工作人员创造一个以人为本的舒适、便捷、高效、安全、快乐的工作环境，其中涉及到建筑学、光学、环境心理学、人体工程学，材料学，施工工艺学等诸多学科的内容，涉及到消防、结构构造等方面的内容，还要考虑审美需要和功能需求。

（2）主要的功能区域

1）门厅。门厅是员工和客户进入办公区域的第一空间，是企业的形象窗口，是通向办公区的过渡和缓冲，因此，对于门厅的设计我们要引起注意，从立意上吸引人，从构思上抓紧人，从材料的运用上给人以新鲜感。

2）通道。是连接各办公区的纽带，是办公人流中的交通要道，是安全防火的重要通道，是展示企业形象的橱窗。另外，它还起着心里分区的功能，通道不光是指封闭的空间，每个不同的区域之间也是通道的范畴。所以它起着纽带的功能，其作用不可忽视。

3）办公室。是主要的工作场所，包括独立式办公室和开敞式办公室。是设计中面积最大、最重要的设计空间，也是课题设计的核心内容。

4）会议室。是集体决策、谈判、办公会议的场所。

5）接待室。是对外交往和接待宾客的场所，也可供小型会议使用。

6）休闲区。是员工缓解压力，休息、健身、娱乐的场所。

7）资料室。是员工查阅资料、存储文件的空间。

8）其他辅助用房。包括卫生间、杂物间、库房、设备间等。

9）家具的布置。通常是按水平或垂直方式布置的，因为这样能节省空间，也便于使用。当面积较充裕的时候，可把家具斜向排列，以增加空间的新鲜感，也可组成群组式排列，适合团队协作的需求。

好的办公空间的平面布局应合理，使用方便、美观大方，还应具有特色。

（3）功能区域的划分。功能区域的划分要合理，如：财务室、经理室应考虑到防盗及私密性的问题；办公室应高效实用并和休息区相连；洽谈区应靠近门厅及会客室。

（4）进行深入设计。在考虑了平面布局的各个要素之后，应对空间进行基本的划分，然后就要对各个空间进行深入的设计。在设计时要注意整体空间设计风格的一致性，考虑好空间的流线问题，仔细计算空间区域的面积，确定空间分隔的尺度和形式。

在完成了上述任务之后，要根据设计思路进行室内界面的设计。在设计中要考虑空调、取暖设备、消防喷淋及设备管道的位置；在顶面设计中可根据地面的功能和形式进行呼应，通过造型的变化来解决技术问题。

1）顶面设计。办公空间的天花应简洁、大方。在不同功能的使用空间，设计应有所区别。一般大办公室要求的是简洁、不杂乱、不跳跃；而在门厅、会议室、经理室和通道等处最好设置造型别致的吊顶，以烘托房间的主题及氛围。

天棚的照明设计首先要满足功能的需要，还能起着烘托环境气氛的需要。因此，对照度的要求比较高，可设置普通照明、局部照明及重点照明等方式，以满足不同情况的需求。照度大小应符合国家标准，不应小于300lx；在设计时尽量采用人工照明与天然采光结合的照明设计；尽量避免采用高光泽度的材料，以避免产生眩光；会议室的照明以会议桌为主，创造一种中心的感觉。

2）立面设计。立面是视觉上最突出的位置，要新颖、大方并有独特的风格，内容和形式是复杂和多姿多彩的。在空间立面设计时，应该和平面设计的风格相统一，不仅在造型上，在色彩上同样需要和谐。

3）设计草图。做完立面设计以后，要勾勒出空间的透视草图，将空间的各个面及家具都表现出来，在勾勒过程中及时发现问题及时修改，不断调整方案，直到满意为止。

4）施工图绘制。以上步骤完成之后，进行大样和施工图的设计，最终完成。一套完整的图样包括以下内容：平面图、顶面图、立面图、效果图、节点大样图，此外还要给甲方提供材料清单、色彩分析表、家具与灯具图表清单等。

5）对于具体材料，施工及施工工艺的了解。在设计时，还要考虑材料的各种特性，如材料表面的肌理、材料自身的物理性质，材料的规格以及材料的价格等。对施工及施工工艺的了解是一个设计能否进行施工的先决条件，设计再好，施工不了也只能是纸上谈兵，变为空谈。

因此，作为一名设计师一定要了解当今社会的潮流及发展趋势并作出准确的判断；加深对世界文化及本国文化的理解及融合；不断地接触新鲜事物来丰富设计元素；不断了解新材料、新工艺的变化及发展；提高自己的设计技巧，这样我们才能创作出被社会所接受的优秀设计项目。

本 章 小 结

本章主要讲述了办公空间设计的基本概念；办公空间功能划分的类别；办公室的界面处理；办公室的采光与照明等方面的知识。通过办公空间设计实训，对设计课题进行了深入的剖析，使学生明晰办公空间的设计程序和设计的基本要素，掌握设计方法，从而掌握设计技能。

思考题与习题

1. 简述办公空间在功能上划分的类别。
2. 办公空间的界面是如何划分的？在划分平面布局时应注意的问题是什么？
3. 在设计总经理办公室时应从哪几方面入手？
4. 了解现代办公家具的发展及变化，并根据需要自己设计几款现代办公家具。
5. 如何设计办公空间室内的色彩？对室内陈设有什么独到的见解？
6. 如何设计办公空间室内的照明？在设计时应注意哪些问题？

优秀学生作品赏析——办公空间方案设计

◆ 设计命题

某设计工作室装修设计（设计主题自拟），项目位于某市南部商务区某大楼16层，属于清水交付。

◆ 设计条件

为设计者提供需设计的办公空间原始结构平面图（图7-53）。

（1）办公空间：净高4850mm；次梁底高4650mm。

（2）卫生间：① 净高2300mm；②门洞口尺寸700mm×2100mm。

◆ 设计要求

（1）设计方案应体现以人为本的原则，要求合理、科学地考虑平面布局与流程，充分满足使用要求。设计风格以现代、简洁、大气、庄重为主格调，装修项目以简洁为主，装饰配套要突出时代要求，体现绿色节能的设计原则。

（2）设计要充分体现和谐工作的文化特色，充分利用有限空间，做到舒适轻松与大气庄重的结合。要有自己独具特色的内涵及现代、舒适、以人为本的工作空间搭配。既要美观、简约大方、轻松、庄重、富有现代气息，又要协调统一。

（3）功能空间要包括前台区域、经理办公室（1间）、财务办公室（1间）、会议室、资料区、会客区、员工工作区域、卫生间、咖啡间等。重视功能布局的合理性，部分区域可合二为一，重视声光环境的设计，包括人造光源设计及自然光源环境设计以及相应的避光、隔声和吸声措施。

（4）利用自然采光、通风，采用合理有效的措施，尽力降低能源消耗，体现生态节能观念。

◆ 设计表达

1. 方案设计投影图示（出图比例1:100、1:50或1:30）

（1）平面（含地面铺装、设施、陈设设计、建筑设备系统概念设计等）。

（2）顶平面（含顶面装修、照明设计、建筑设备系统概念）。

（3）办公空间内的主要立面或剖立面数量自定，需明确表达出界面、设施、配饰等设计内容。

2. 方案设计效果表达

要求绘制办公空间三张以上数目的效果图；可采用多种工具和表达方式相结合，如手绘、计算机、制做模型等。

3. 提交作品的电子文档

制作汇报系列展板，要求：

设计者自行将以上要求内容编排在820mm×590mm的展板版心幅面范围内（统一采用竖式构图），须符合规定出图比例（否则视为无效作品）。

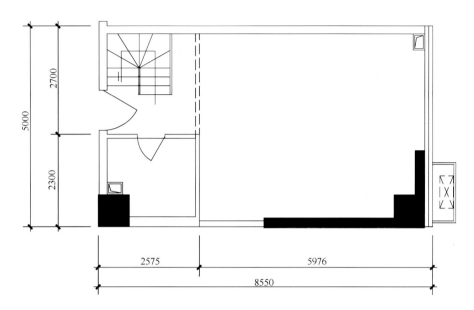

图 7-53　原始结构平面图

一、CRAVING 设计工作室方案设计

设计灵感源于设计师对生活的追求，故取名 CRAVING，寓意摆脱生活的枷锁，解放我们的心灵。为了诠释该主题，本案巧妙地引入折纸这种典型的艺术形式，它可以通过随意的折叠使二维面变成三维或者四维空间，所以，在设计者看来，这不仅仅是一门艺术，更是一种很好的表现手法。

另外，空间中自由点缀的、错落有致的纸鹤艺术挂件自由灵动，似乎寄托着一份份渴望、一个个梦想，使本设计的主题得到了升华（图 7-54、图 7-55）。

设计手法：

　　本案巧妙地引入了折纸这种典型的艺术形式，它可以通过随意的折叠使二维面变成三维或四维空间，所以，在我看来，这不仅仅是一门艺术，更是一种很好的空间表现手法。

项目概况：

　　CRAVING 设计工作室位于宁波南部商务区某大楼16层，属于宁波核心商务区，该公司拥有五六个人的设计团队，主要针对建筑室内空间，公司面积只有约80m²，属于小型办公空间。

设计理念：

　　设计灵感源于设计师对生活的追求，故取名CRAVING，寓意摆脱生活的枷锁，解放我们的心灵。设计针对都市白领、上班族，他们内心渴望自由，但又不得不拼命工作。本案在抽象的展现这种矛盾的同时，色彩上还配以了一抹充满生机的绿色，意在表明设计师本人坚定地相信着，有希望有梦想的奋斗者，终有一天会获得真正的自由。另外，空间中自由的点缀一些纸鹤艺术挂件寓意着一份份渴望，一个个梦想，升华了主题。

流线示意图

图 7-54　CRAVING 设计工作室方案设计（学生：卢粮壮　指导老师：刘德来）

图 7-55　CRAVING 设计工作室方案设计（学生：卢粮壮　指导老师：刘德来）

二、奇点工作室方案设计

本次设计是以动物破壳而出前蛋壳出现的裂纹作为设计主题。因为破壳而出是宣告了一个生命的正式诞生，使人感到生机勃勃。而此时是在一个破壳的前期阶段，裂纹已经出现，象征禁锢的壳将破未破，充满了希望。

更重要的是，本次主题也寓意着打破被拘束着的思维，破裂的蛋壳纹造型就是打破束缚的象征（图7-56、图7-57）。

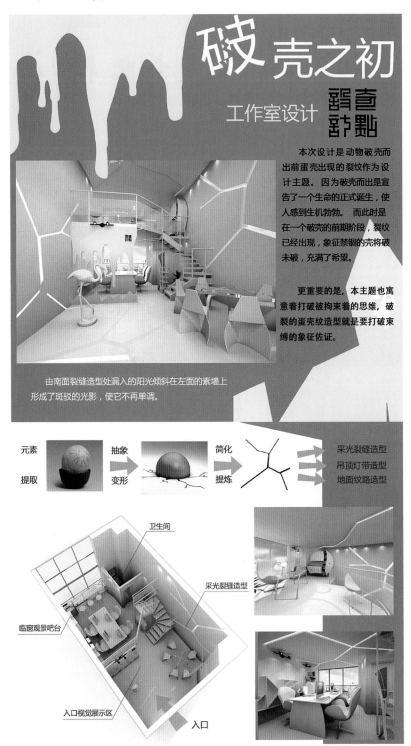

图7-56　奇点工作室方案设计（学生：吴罗思　指导老师：刘德来）

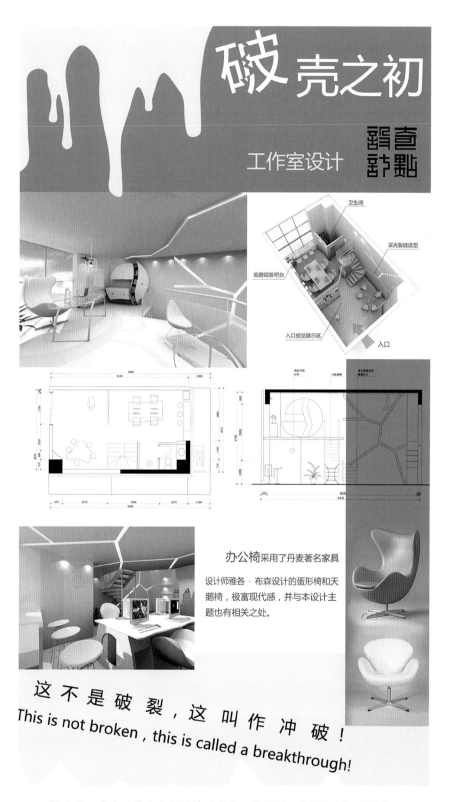

图 7-57　奇点工作室方案设计（学生：吴罗思　指导老师：刘德来）

第8章　餐饮空间设计

学习目标：

1. 了解餐饮空间设计的基本概念，餐饮空间设计的基本划分及要求。

2. 掌握正确的设计方法，并运用这些方法进行造型、色彩、材料等的设计，提高餐饮环境空间的设计能力。

学习重点：

1. 了解餐饮空间的功能划分，使设计作品更为合理和有创意。

2. 通过实训，了解不同功能的餐饮空间的设计方法。

学习建议：

1. 先对不同的餐饮空间进行考察，分析其功能性、实用性。

2. 根据功能的需要，进行不同餐饮空间的实例设计实训。

8.1　餐饮空间的功能及其类别

8.1.1　餐饮空间的功能

中国的"食"文化博大精深，饮食文化是构成中国传统文化的重要组成部分。它是一个涉及自然科学、社会科学、哲学及美学的广泛的概念，它是与饮食有关的、物质的、精神的以及习俗等行为现象的总和。

餐饮空间给人们提供了一个享受饮食，品味生活的地方，在设计时，一定要了解所设计的餐饮空间的使用功能及其性质，而后才可以根据需要进行设计。

餐饮空间根据其功能可分为：用餐的场所；休闲与娱乐的场所；喜庆的场所；信息交流的场所；交际的场所；团聚的场所。

8.1.2　餐饮空间的类别

现代饮食已超越了家庭生活而开始逐渐趋向于社会化生活，具有更丰富的社会属性。饮食已成为人与人之间相互沟通、交友联谊的最好媒介，它是生意场上洽谈合作的良好催化剂，也是迎送宾客的主要方式，更是各种合欢活动的主要形式。现代餐饮空间设计因性质不同、面对的顾客不同、追求的目标不同，因而市场定位也不尽相同。

餐饮文化包罗万象，各民族、各地区千差万别，有着难以计数的口味和菜式。单单就我们国家而言，闻名遐迩的就有八大菜系，每种菜系又根据地域的不同，有着或多或少的差异。而除此之外，各个民族也有自己与众不同的饮食文化。推而广之，在世界的范围之内，饮食文化有着更加丰富的多样性和差异性，这也为设计师提供了更加广阔的想象空间和发挥余地。餐饮空间是一种约束性很小的空间样式，因此也成为最具视觉效果的设计实体之一。并且，随着这些年来经济活动的发展，人员的往来更加频繁，世界各国的饮食文化正在经历着更大范围的交叉与融合。这些都为设计创作提供了更加广阔的驰骋空间。

8.2 餐饮空间设计的基本划分及设计要求

8.2.1 高级宴会餐饮空间

主要是用来接待外国来宾或国家大型庆典、高级别的大型团体会议以及宴请接待贵宾之用，也是国际交往中常见的活动之一。如：人民大会堂宴会厅。这类餐厅按照国际礼仪，要求空间通透，餐座、服务通道宽阔，设有大型的表演和讲演舞台。一些高级别的小团体贵宾用餐要求空间相对独立、不受干扰、配套功能齐全，甚至还设有接待区、会谈区、文化区、康体区、就餐区、独立备餐区、厨房、独立卫生间、衣帽间和休息卧室等功能空间。宴会厅的装饰设计应体现出庄重、热烈、高贵而丰满的品质（图8-1）。

宴会厅是宴请高级贵宾的场所，灯饰应是宫殿式的，它是由主体大型吸顶灯或吊灯以及其他筒灯、射灯或多盏壁灯组成。配套性很强的灯饰，既有很强的照度又有优美的光线，显色性很好，但不能有眩光（图8-2）。

图8-1　人民大会堂宴会厅　　　　图8-2　香港南洋酒店宴会厅

8.2.2 普通餐饮空间

是较为常见的餐饮空间，包括传统的高、中、低档的中餐厅和专营地方特色菜系或专卖某种菜式的专业餐厅。适合机关团体、企业接待、商务洽谈、小型社交活动、家庭团聚、亲友聚会、喜庆宴请等。这类餐厅要求空间舒适、大方、体面、富有主题特色，文化内涵丰富，服务亲切周到，功能齐全，装饰美观。

中式餐厅在我国的饭店建设和餐饮行业占有很重要的位置，并为中国大众乃至外国友人所喜闻乐见。中式餐厅在室内空间设计中通常运用传统形式的符号进行装饰与塑造，既可以运用藻井、宫灯、斗拱、挂落、书画、传统纹样等装饰语言组织空间或界面，也可以运用我国传统园林艺术的空间划分形式，拱桥流水，虚实相形，内外沟通等手法组织空间，以营造中国民族传统的浓郁气氛。

中餐厅的入口处常设置中式餐厅的形象与符号招牌及接待台，入口宽大以便人流通畅。前室一般可设置服务台和休息等候座位。餐桌的形式有 8 人桌、10 人桌、12 人桌，以方形或圆形桌为主，如八仙桌、太师椅等家具。同时，设置一定量的雅间或包房及卫生间。

中式餐厅的装饰虽然可以借鉴传统的符号，但仍然要在此基础上，寻求符号的现代化、时尚化，符合现代人的审美情趣和时代的气息（图 8-3）。

图 8-3　中式餐厅的装饰

8.2.3　食街、快餐厅

主要经营传统的地方小吃、点心、风味特色小菜或中、低档次的经济饭菜，这类餐厅要求空间简洁、运作快捷、经济方便、服务简单、干净卫生。风味餐厅主要通过提供独特风味的菜品或独特烹调方法的菜品来满足顾客的需要，风味餐厅种类繁多，充分体现了饮食文化的博大精深。如：广州洛溪食街就有 50 多种风格的各地菜馆相聚于此，粤菜、湘菜、川菜、东北菜、韩国菜，各种地方风味小吃各具特色，一应俱全（图 8-4、图 8-5）。

图 8-4　洛溪食街外景（一）

图 8-5　洛溪食街内景（二）

快餐厅是提供快速餐饮服务的餐厅。其起源于 20 世纪 20 年代的美国，可以认为这是把工业化概念引进餐饮业的结果。快餐厅适应了现代生活快节奏、注重营养和卫生的要求，在现代社会获得了飞速的发展，麦当劳、肯德基即为成功的例子。一些快餐厅发展成集团式品牌连锁经营形式，如：麦当劳、肯德基等。

8.2.4　西餐厅

是满足西方人生活饮食习惯的餐厅。在设计风格上、环境搭配上要符合与之相适应的用餐方式，和中餐厅有一定区别。西餐厅主要经营西方菜式，有散点式、套餐式、自助餐式及为人们提供休闲交谈、会友和小型社交活动的场所，如：咖啡厅、酒吧等。在我国，西餐厅大多是在高级宾馆、饭店内，也有很多独立经营的西餐厅，如：北京西餐厅设计、成都钥匙咖啡西餐厅。

西餐厅在饮食业中属异域餐饮文化。西餐厅以供应西方某国特色菜肴为主，其装饰风格也与某国民族习俗相一致，充分尊重其饮食习惯和就餐环境需求。无微不至、专业而富有特色的服务加上浪漫的烛光、悠扬的音乐和雅致温馨的环境，让你抛开都市繁忙，尽享丰盛的美味。

在设计时通常运用一些欧洲建筑的典型元素，诸如拱券、铸铁花、扶壁、罗马柱、夸张的木质线条等来构成室内的欧洲古典风情。同时，还应结合现代的空间构成手段，从灯光、音响等方面来加以补充和润色。也可设计成一种田园诗般恬静、温柔、富有乡村气息的装饰风格。这种营造手法较多地保留了原始、自然的元素，使室内空间流淌着一种自然、浪漫的气氛，质朴而富有生气（图8-6、图8-7）。

图8-6　北京 KOSE 西餐厅　　　　　　　图8-7　成都钥匙咖啡西餐厅

西餐厅的家具多采用2人桌、4人桌或长条形多人桌。

8.2.5　自助餐厅

自助餐厅的形式灵活、自由、随意，亲手烹调的过程充满了乐趣，顾客能共同参与并获得心理上的满足，因此受到消费者的喜爱。自助餐厅的特点是供应迅速；客人可自由选择菜点及数量；就餐客人多，销量大；服务员较少，客人以自我服务为主。设计的重点是菜点台。菜点台一般设在靠墙或靠边的某一部位，以客人取用方便为宜。一般菜点台都用长台，台上摆着各种食品饮料，旁边放各种餐具，菜点由客人自取。一般要求是冷菜靠前或靠边，热菜居中，大菜盘靠后，点食居中或靠边，在菜点台上还要摆上花坛，有层次和艺术感（图8-8）。

图8-8　港粤香格里拉大酒店

8.2.6　咖啡厅、茶室

作为饮用和品尝咖啡的场所，咖啡厅已经经历了很长的演变历史。如今，在咖啡厅的风格方面，至少在建筑学和装饰方面，已经没有什么禁忌和限制，当今的流行趋势是折衷主义和混合型风格。

咖啡馆最具体的综合表现就是整个的营业空间，为了吸引客人进入店中，其设计的手段就是运用各项展示活动或是橱窗、POP 等诉求表现来吸引客人来店或入店。吧台的配置也能起到诱导的作用，在陈列表现上，能显示出咖啡的特性与魅力，并通过品目、规格、色彩、设计、价目表等组合，辅以 POP 的介绍，展示咖啡店的效果（图 8-9、图 8-10）

图 8-9　咖啡厅（一）　　　　　　　　　　图 8-10　咖啡厅（二）

茶馆则更讲究名茶名水之配，讲究品茗赏景之趣，有一种风雅、诗意的情致。茶道是以品茶修道为目标的饮茶艺术，包括环境，茶艺，礼法，修行四个基本要素。茶馆外部造型一定要突出"茶"的素雅、清心的特点。招牌要便于消费者记忆，同时体现茶楼的格调，一般茶楼大都采取传统风格，长方形匾额，用黑色大漆作底色，镏金大字作点名，请名人书写，雕刻而成，庄重堂皇；或用清漆涂成木质本色，雕刻名人题的字后，涂成绿色，古朴典雅。

茶楼外部灯光一定要明亮，最好以白色或绿色，不宜用红色，若用一两只绿色的射灯，则更能突出茶楼的吸引力。

橱窗是茶楼内部环境的第一展现，它能直接刺激消费者的对品茶环境的认可，橱窗尽量设计大一些，灯光要亮一些，摆设的茶、茶具和茶水要组成一副美的图画，且不断地变动。

茶楼内部装饰墙面应素雅，一般用木质装饰板，漆成原色为好，同时适当配合茶字画或介绍有关茶叶知识的宣传材料。地面要干净、整洁，用大理石、水磨石，也可以用地纸，如若铺地毯最好用绿色或灰色，切忌用刺眼的色调。店内可以适当放一些花草、盆景或大紫砂、瓷瓶点缀，关键根据不同茶楼的特点，采取不同的创意，达到画龙点睛的作用，给人以整齐、高雅、舒心的感觉（图 8-11）。

图 8-11　某茶楼内部设计

8.2.7　酒吧

酒吧是"Bar"的音译词，有在饭店内经营和独立经营的酒吧，种类很多，是必不可少的公共休闲空间。酒吧是人们亲密交流、沟通的社交场所，在空间处理上宜把大空间分成多个尺度较小的空间，以适应不同层次的需要。

门厅是客人对酒吧产生第一印象的重要空间，而且是多功能的共享空间，也是形成格调的地方，是酒吧必须进行重点装饰、陈设的场所。其布置必须有产生温暖、热烈、深情的接待氛围，又要求美观、高雅，不宜过于复杂，还要求根据酒吧的大小、格式、墙壁、家具装饰色彩，选用合适的植物和容器装饰。

针对高层次、高消费的客人而设计的高雅型酒吧，其空间设计就应以方形为主要结构，采用宽敞及高耸的空间。在座位设计时，也应以尽量宽敞为原则，以服务面积除以座位数衡量人均占有空间。高雅、豪华型的人均占有面积达 $2.6m^2$。而针对寻求刺激、发泄、兴奋为目的的客人而设计的酒吧，同时应特别注重其舞池位置、大小的设置，并将其列为空间布置的重点因素。针对寻求谈话、聚会、约会为目的的目标客人而设计的温馨型酒吧而言，其空间设计应以类似于圆形或弧形而同时体现随意性为原则，天棚低矮、人均占有空间应小些，但要使每个单独桌有相对隔离感，椅背设计可高些。

吧台设计有三种形式：一是直线吧台，一般认为一个服务人员能有效控制的最长吧台是 3m，如果吧台太长，服务人员就要增加。另一种形式的吧台是马蹄形，或者称为 U形吧台。吧台伸入室内，一般安排 3 个或更多的操作点，两端抵住墙壁，在 U 形吧台的中间可以设置一个岛形储藏室用来存入用品和冰箱。第三种主要吧台类型是环形吧台或中空的方形吧台。这种吧台的中部有个"中岛"供陈列酒类和储存物品用，这种吧台的好处是能够充分展示酒类，也能为客人提供较大的空间，但它使服务难度增大（图8-12、图 8-13）。

图 8-12　某吧台设计

图 8-13　日本酒吧设计

8.3　餐饮空间的设计规划

餐饮空间分为两个大区：餐饮功能区、制作功能区。

餐饮功能区包括：门面、顾客进出的功能区、用餐功能区、配套功能区等。

1. 门面和顾客出入区

门面是"店"的外在形象，是内与外联系的主要出入口。一个优秀的门面设计要满足两个要素：功能方面和构成方面。

（1）功能方面。要较快地促销商品和服务内容，从而获得利润；要引导顾客方便出入、安全可靠；提高自身形象价值与个性，展示提升使用者的精神需要，使人们赏心悦目。

（2）构成方面。主要设计的方面有：立面造型、入口、照明、橱窗、招牌与文字、材质、装饰、绿化等方面。

门面设计可以运用大面积橱窗来展示菜品的实物特色及由它所构成的层次空间诱导。透明的玻璃使人们既能看到室内的一些内容和场景，感受到干净、舒适的就餐环境；也可通过橱窗、标志、招牌与文字设计点明餐馆的性质，并通过照明设计衬托出餐馆的档次与艺术效果，尤其是夜间的魅力，也是彰显品位的有效途径（图8-14）。

顾客出入区是进入餐厅后的第一形象，最引人注目，能给人留下深刻的印象，应与室内装饰风格互相呼应。作为进门后的第一道屏障，如同一本书的书籍装帧，最能渗透出室内设计师的精到构思。如：太平洋香辣居宁海店在室内装饰设计上利用江南民居的建筑元素来贯穿整个室内空间，集古典、朴素与现代为一体，贴近生活，亲和雅致而充满文化内涵（图8-15）。

图8-14　悦榕庄，塞舌尔

图8-15　太平洋香辣居宁海店

2. 接待区和候餐功能区

接待区主要是迎接顾客到来，方便顾客咨询、订餐，提供客人等候、休息、候餐的区域。高级餐厅的接待区可单独设置或设置在包间内，有电视、音响、阅读、茶水、小点和观赏小景等（图8-16、图8-17）。

3. 用餐功能区

用餐功能区是餐饮空间的重点功能区，也是设计的重点。在空间的尺度、功能的划分、环境的安排等方面都要精心设计。用餐区可根据房间的结构、尺寸进行划分。餐席的形式根据用餐人数来定。

4. 配套功能区

配套功能区在餐饮空间设计中越来越受到重视，配套功能区的设计可以从一个侧面反映出经营者的管理水平和修养，可以给顾客留下良好的印象。配套功能区包括：收银台、走廊、卫生间等。

图 8-16　接待区（一）

图 8-17　接待区（二）

（1）收银台。收银台的设置不可小觑。如果说上菜时的缓慢还可以令食客勉强忍受，结账时的拖延则只能让人抱怨不已了，因此，缩短服务员的往来距离，节省客人时间是收银台设置时需要考虑的（图 8-18、图 8-19）。

图 8-18　收银台（一）

图 8-19　收银台（二）

（2）走廊。走廊在就餐环境中起着连接和保卫的作用，既连接每个空间，又将每个空间的功能分割出来。调节空间之间的气氛，调和不同空间的气氛。

（3）洗手间（卫生间）。现在越来越多的餐馆业者，将美化餐馆的注意力转向卫生间。他们希望盥洗室给宾客们所带来的印象犹如餐馆所提供的美食与服务一样令人记忆深刻。人们要求它既要舒适，还要有文化情调和情趣。因此，餐馆设计卫生间时应仔细考虑位置合适、男女分用、空气清新、美观舒适，既能让客人方便，又要注重享受。

有些餐馆在装修和设计时不太注重卫生间的设计，而把主要心思多放在营业面积上，导致一般餐馆卫生间面积狭小或过少，造成顾客排队等候的现象，从而留下不良的印象。有条件的餐厅在设计洗手间时，在外观和结构上要与整个餐厅艺术风格保持一致，不能生硬，切忌有气味、响声和水迹污染餐厅的现象。中、大型餐饮空间应该每层楼都设置卫生间，并根据顾客的人数合理配置蹲位（图 8-20、图 8-21）。

制作功能区——厨房

餐厅的厨房设计，要根据餐饮部门的种类、规模、菜谱内容的构成，以及在建筑里的位

图8-20　酒店卫生间（一）

图8-21　酒店卫生间（二）

置状况等条件相应调整设置。设计应以流程合理、方便实用、节省劳动、改善厨师工作环境为原则，餐饮店设计不必追求设备多多益善。厨房作业的流程为：采购食品材料——贮藏——预处理——烹调——配餐——餐厅上菜——回收餐具——洗涤——预备等。

厨房的设计应紧紧围绕餐饮的经营风格，充分考虑实用、耐用和便利，如：厨房的通风。应使厨房，尤其是配菜、烹调区形成负压。所谓负压，即排出去的空气量要大于补充进入厨房的新风量，这样厨房才能保持空气清新。但在抽排厨房主要油烟的同时，也不可忽视烤箱、焗炉、蒸箱、蒸汽锅以及蒸汽消毒柜、洗碗机等产生的浊气、废气，要保证所有烟气都不在厨房区域弥漫和滞留。

餐馆设计明厨、明档是餐饮业发展到一定时期的产物。设计明厨、明档，至少要注重不应因此设计而增加餐厅的油烟、噪声和有碍观瞻场景。

厨房的地面设计和选材，应选择实用的瓷质防滑地砖或使用红钢砖、树脂薄板等材料。墙面装饰材料，可以使用瓷砖和不锈钢板。厨房顶棚上要安装专用排气罩、防潮防雾灯、通风管道以及吊柜等。

在进行厨房的用水和明沟设计时，要充分考虑原料化冻、冲洗，厨师取用清水和清洁用水的各种需要，尽可能在合适位置设置单槽或双槽水池，切实保证食品生产环境的整洁卫生。

一般根据客人坐席数量决定餐厅和厨房的大致面积，厨房面积大致是餐厅面积的30%～40%。

厨房的门主要考虑送餐是否方便。一般要有两个口，一个送菜一个收菜，另外厨房门的设置，要尽量把送餐的通道跟客人的动线分开，不要让它们交叉。否则客人会感觉餐厅的品质下降。

8.4　餐饮空间的设计要点

餐饮空间设计之初，要根据餐厅经营者的经营定位、区位选择和设计师对餐饮环境的灵感构思，再经过充分比较、沟通与交流后确定餐饮环境的主题，以使餐厅的艺术品位与经营效益得到充分的结合。营造的表现意念十分丰富，社会风俗、风土人情、自然历史、文化传统等各方面的题材都是设计构思的源泉。

营造的主题主要有以下几项分类：

8.4.1 突出地方特色

我国幅员辽阔，人口众多，由于各地自然条件、经济文化发展水平和人们生活习惯的不同，因而在食品的选料、制法及口味上也就逐渐形成了不同的地方特色和风味。中华饮食文化博大精深，有许多具有特色和魅力的地方菜肴和企业文化，使人津津乐道。餐厅的风格是为了满足某种民族或地方特色菜而专门设计的室内装饰风格，目的主要是使人们在品尝菜肴时，对当地民族特色、建筑文化、生活习俗等有所了解，并可亲自感受其文化的精神所在。

8.4.2 彰显文化内涵

餐饮文化是一个广泛的概念，人们吃什么、怎么吃、吃的目的、吃的效果、吃的观念、吃的情趣、吃的礼仪都属于餐饮文化范畴，它贯穿于企业经营和饮食活动中，体现在各个环节之中。如：服务文化是服务员的服务动作、神态气质等，可以反映企业的形象；餐厅文化是一种环境文化，餐厅的装饰、布置、风格、情调都会给客人留下深刻的印象。根据各个地区的实际情况，巧妙地对文化宝库进行开发，体现其特殊的文化内涵。如：成都峨眉山大酒店为中式风格，所以在设计中充分挖掘中国传统的文化内涵，使中国的特色溶入到设计的细节中，在设计中融入中国特色元素，例如屏风、装饰图案等，从而取得良好效果。再根据各类就餐人群的层次及需求，通过艺术的表现手法赋予各个餐饮空间以各自不同的视觉感受与属性，使设计的环境与氛围带给客人以轻松愉悦。高雅、恬静、并赋予传统气息，是中餐厅设计的宗旨，同时调用灯光、材料以及配景植物等表现手段来增强空间主题对人所产生的温馨与浪漫，让客人在就餐时充分感受到美味所带来的生活享受（图8-22、图8-23）。

图8-22　成都峨眉山大酒店　　　　　图8-23　苏州园林特色

8.4.3 利用科技手段

运用高科技手段，营造新奇刺激的用餐环境，特别是融餐饮娱乐为一体的餐饮环境设计中为满足年轻人猎奇和追求刺激的欲望设计出带有科技色彩的用餐环境，如"科幻餐厅"、"太空餐厅"等。

8.5 餐饮空间的界面划分

室内空间环境是由水平界面（天花、地面）和垂直界面（墙面）围合而成，各界面的大小、形状、颜色、材料直接影响着室内空间的风格。

8.5.1 顶面设计

顶面可根据地面功能区域的划分进行设计。要注意造型的形式美感，对空间能够起到延伸和扩大的作用，设计时应力求简洁、完整并和整体空间环境协调统一。另外还要考虑遮掩梁柱、管线、隔热、隔声等作用。

吊顶的装饰手法应注意均衡、对比、融合等设计原则，其艺术特点主要体现在色彩的变化、造型的形势、材料的质地、图案的安排等。

浅色的顶棚会使人感到开阔、高远，深而鲜艳的颜色会降低其高度，墙面材料和装修内容延至顶棚会增加其高度，顶棚材料延至墙面及与墙面发生对比会降低其高度（图8-24、图8-25）。

图8-24　酒店顶面设计（一）　　　　　　　　图8-25　酒店顶面设计（二）

8.5.2 立面设计

立面是室内空间界面的垂直面，和人的视距较近，立面设计的好、坏直接影响着整个室内空间的氛围，因此在设计时应注意整体性、艺术性、功能性（图8-26、图8-27）。

立面设计包括墙面设计；隔断、屏风设计；梁柱设计等方面的设计。

墙面设计要注意空间的功能性和物理性。物理性包括隔声、防水、保暖、防潮等要求。墙面材料可使用一些新型材料，如不锈钢，其表面明亮如镜，装饰感强，不易腐蚀、易清洁，在设计风格上极具现代感。铝合金的应用同样广泛，表面光滑、平整、耐腐蚀性强，可以制成板材，压制成各种断面的型材。

　　玻璃不单单是一种材料，还是一种文化，它和中国的陶瓷一样，是极具表现力的一种空间元素。玻璃制品有透明和半透明的两种，它可以控制光线，使室内光线柔和而不炫目，常用于窗户、玻璃幕墙、室内办公室隔断、单反玻璃幕墙等，玻璃物品应保持低的紫外线辐射，以保证人们的身心健康。

图 8-26　酒店立面设计（一）

图 8-27　酒店立面设计（二）

　　利用玻璃透明、折射的特性，将艺术玻璃与自然光及各种灯光巧妙结合，营造出梦幻迷离的艺术效果。充满金属质感的拉丝玻璃，在自然光下能将金属的冰冷质地体现得淋漓尽致；在艺术玻璃背景墙前设置射灯，能让艺术玻璃本身的花纹在光线下呈现特殊的立体感。

　　由于和其他不透明的材料相比，艺术玻璃既能分隔空间又有良好的通透性，因此通常被用作屏风、玄关等隔断物。由于艺术玻璃的表现力很强，玻璃的热弯特性可以让它做出折弯、弧度等不规则的形状，增加了空间趣味和视觉冲击力。

　　梁柱设计是室内空间虚拟的限定要素。它可以以轴线列阵的方式构成一个个立体的虚拟空间。梁的装饰可以作为天棚设计的一部分来进行设计；柱又分为柱帽、柱身、柱基等结构，柱作为建筑空间的特定元素具有独特的审美价值，在设计时可以起到画龙点睛的作用（图 8-28、图 8-29）。

8.5.3　地面设计

　　地面的划分形式要注意大小、方向，由于视觉心理作用，地面分块大时，室内空间显小，反之室内空间就显大。一块正方形地面，如将其作横向划分，则横向变宽，反之则显横向变窄。一般说，地面的装饰应和整个餐厅的装饰协调统一，以取长补短，衬托气氛，即地面既要和房间的顶棚、墙面协调配合，也要和室内家具陈设等起到互相衬托的作用。地面装饰材料宜采用深暖中和性色调，如：采取土黄、红棕、紫色等偏暖色彩，因它有衬托家具和墙面的作用，所以用这些稳重、沉静的色彩比较协调，从而使得整个房间即有力量又富有协调性，表现出其端庄，稳重的特点。另外还要考虑整个房间的色彩统一，不显杂乱（图 8-30、图 8-31）。

图 8-28 某大厅柱体刚性设计

图 8-29 某大厅柱体柔性设计

图 8-30 酒店地面设计（一）

图 8-31 酒店地面设计（二）

较大空间的地面，常用图案设计来体现空间的华贵。因此，地面图案的设计又成为了整体设计的一个亮点。在设计地面图案时要注意：

（1）强调图案本身的独立性、完整性。

（2）强调图案的连续性、韵律感，具有一定的导向性。

（3）强调图案的抽象性，色彩、质地灵活选择。

地面色彩设计要素：按照色彩心理学来讲，浅色的地面将增强室内空间的照度，而深色的地面会将大部分的光线吸收。暖浅色的地面能给人振奋的感觉，给人带来安全感。浅冷色的色彩会给地面蒙上一层神秘庄重的面纱，中灰色的无花纹的地面显得高雅、宁静，并能衬托出家具色彩的个性，显示出家具造型的外观美（图 8-32、图 8-33）。

图 8-32　某大厅水池与地面
　　　　之间的图案设计　　　　　　　　　图 8-33　某酒店地面色彩设计

8.6　餐饮空间的色彩和灯光设计

8.6.1　餐饮空间的色彩设计

　　色彩是设计中最具表现力和感染力的因素，它通过人们的视觉感受产生一系列的生理、心理和类似物理的效应，形成丰富的联想、深刻的寓意和象征。在餐饮空间设计中要满足对餐饮环境主题的营造，把握人们的色彩心理，使人们感到舒适，能够引起人们的联想与回忆，从而达到唤起人们情感的目的。

　　餐饮空间的色彩设计一般宜采用暖色调的色彩，如橙色、黄色、红色等，即可以使人情绪稳定、引起食欲，又可以增加食物的色彩诱惑力。在味觉感觉上，黄色象征秋收的五谷；红色给人鲜甜、成熟富有营养的感觉；橙色给人香甜、略带酸的感觉；适当的运用色彩的味觉生理特性，会使餐厅产生温馨、诱人的氛围（图 8-34、图 8-35）。

图 8-34　餐饮空间色彩设计（一）　　　　　图 8-35　餐饮空间色彩设计（二）

8.6.2 餐饮空间的灯光设计

1. 选择光源

光的亮度和色彩是决定气氛的主要因素。极度的光和噪声一样都是对环境的一种破坏。合理的照明是创造餐饮环境气氛的重要手段，应最大限度地利用光的色彩、光的调子、光的层次、光的造型等的变化，构成含蓄的光影图案，创造出情感丰富的环境气氛（图8-36、图8-37）。

图8-36 光源的选择（一）

图8-37 光源的选择（二）

2. 灯具的选择

光可以是无形的，也可以是有形的，光源可以隐藏，灯具却可暴露，有形无形都是艺术。选择灯具，要考虑到实用性与装饰性，还要考虑亮度。而亮度的要求是不刺眼、经过安全处理，有柔和的光线。灯饰的选择已经超越了最初用来照明的单一功能，而逐渐兼具现代装饰品的功能。造型上混合了多种流行元素，古典与现代的，中式与西式的；材质更加多元化，除了玻璃、金属、塑胶等工业材料外，还开始选用一些自然的原生材料，如竹、藤、线、纸等（图8-38、图8-39）。

图8-38 象山文阆阁茶艺馆
　　　　的纸质灯笼

图8-39 奉化银凤度假酒店的竹篾灯笼

3. 照明的控制

天棚按照不同灯具照明的配置方法可以划分出不同的功能区；中央带状光的设计法，能使空间显现出规则与对称，并能成为主要的光源；柔和的筒灯设计安装在天棚上、假梁上以及框架上，都会营造出不同层次的柔和气氛；用有力的金属拉杆或吊杆搭配外露灯具，强调出高科技的定点照明，并表现出空间物体的结构美。

好的照明设计不在于把室内照得如何灯火通明，而应在功能性灯具的配置上多下功夫，为塑造光的层次感，应以局部照明为主（图8-40、图8-41）。

图8-40　照明的控制（一）　　　　　　　　　图8-41　照明的控制（二）

在设计餐厅的灯光时，首先满足工作区域的照明及菜品和人行走路线的照明，然后才做其他的照明。特别是在入口和台阶的光线要亮一些，有助于安全行走。在菜品展示部位要将菜品给人的感受充分展示出来。根据餐厅的定位，如果是婚宴型的餐厅，灯光要稍微亮一些，既清晰氛围也好；光线颜色上，白光、黄光更适合餐饮这种氛围，因为能勾起人的食欲；中餐厅在设计时暖性更强一些，较温暖，方便人与人之间的交流；西餐比较直接，不需要看到许多人，光线会比较柔和；背景照明要根据需要进行设计，不要太亮，但要烘托出室内的氛围。

8.7　餐饮空间的陈设设计

餐饮空间的陈设根据其设计风格常采用我国传统的字画陈设，表现形式有：楹联、条幅、中堂、匾额以及具有分割作用的屏风、纳凉用的扇面、祭祀用的祖宗画像等。所用的材料也丰富多彩，有纸、锦帛、木刻、竹刻、石刻、贝雕、刺绣等（图8-42、图8-43）。

其他一些艺术品如：摄影、雕塑、工艺美术品等也都是餐饮空间设计时常用的设计手段。摄影作品是一种纯艺术品，比绘画更写实更逼真。长诗艺术品又是纪念品；雕塑作品有瓷塑、铜塑、泥塑、竹雕、晶雕、木雕、玉雕、根雕等，题材广泛，内容丰富，其感染力常胜于绘画的力量，在光照、背景的衬托下栩栩如生；工艺美术品的种类和用材十分广泛，有竹、木、草、藤、石、泥、玻璃、塑料、陶瓷、金属、织物等；餐饮空间的织物陈设材质形式多样，具有吸声效果，使用灵活，便于更换。如壁挂、窗帘、桌布、挂毯等（图8-44、图8-45）。

图 8-42　餐饮空间的陈设设计（一）

图 8-43　餐饮空间的陈设设计（二）

图 8-44　餐饮空间的陈设设计（三）

图 8-45　餐饮空间的陈设设计（四）

8.8　餐饮空间设计实训

8.8.1　酒店空间设计

1. 设计任务书（一）

（1）设计课题。四星级酒店室内设计。

酒店室内设计是综合性最强，功能性较复杂的项目。通过酒店项目的训练，可以开阔学生的设计思路，提高综合设计能力。

（2）设计理念。符合酒店设计级别的需要，体现酒店文化和地域特色，强调设计与经营的关系，突出酒店品牌。

（3）图样表达

1）设计构思草图。要求表现设计分析过程。

2）室内平面图。要求表现空间界面的划分及界面用材和家具用途。

3）顶面图。要求标明标高，灯具、设备的位置及界面用材。

4）立面图。包括大堂、餐厅、客房的各个立面图。

5）剖切大样图、节点详图。工程需要的位置。

6）透视效果图。要求表现主要空间效果，至少 5 张。

（4）进度要求

第一周：接到设计任务书后进行调研、考察酒店，进行设计分析并绘制设计草图。

第二周：绘制平面图、顶面图、立面图。

第三周：绘制效果图，完成整个室内设计。

2．设计分析

（1）酒店的类型。根据市场调研，我们发现星级酒店可以区分为以下几种类型，即：按客户需求划分：分为商务型、会议型、长住型、度假观光型、青年旅馆。按管理性质划分：分为集团管理、连锁经营、自主经营等。

1）商务型酒店。主要以接待从事商务活动的客人为主，是为商务活动服务的。这类客人对酒店的地理位置要求较高，要求酒店靠近城区或商业中心区。其客流量一般不受季节的影响。

2）度假、观光型酒店。主要以接待休假的客人和观光旅游者为主，多兴建在旅游点、海滨、温泉、风景区附近。经营特点不仅要满足旅游者食住的需要，还要求有公共服务设施，以满足旅游者休息、娱乐、购物的综合需要，使旅游生活丰富多彩、得到精神上和物质上的享受。

3）长住型酒店。为租居者提供较长时间的食宿服务。此类酒店客房多采取家庭式结构，以套房为主，房间大者可供一个家庭使用，小者有仅供一人使用的单人房间。它既提供一般酒店的服务，又提供一般家庭的服务。

4）会议型酒店。是以接待会议旅客为主的酒店，除食宿娱乐外还为会议代表提供接送站、会议资料打印、录像摄像、旅游等服务。要求有较为完善的会议服务设施（大小会议室、同声传译设备、投影仪等）和功能齐全的娱乐设施。

（2）酒店的星级划分。为了促进旅游业的发展，保护旅游者的利益，便于饭店分类，国际上曾先后对饭店的等级做过一些规定。从 20 世纪五、六十年代开始，按照饭店的建筑设备、饭店规模、服务质量、管理水平，逐渐形成了比较统一的等级标准。通行的旅游饭店的等级共分五等，即五星、四星、三星、二星、一星饭店。

1）五星饭店。这是旅游饭店的最高等级。设备豪华，设施更加完善，除了房间设施豪华外，服务设施齐全。各种各样的餐厅，较大规模的宴会厅、会议厅、综合服务比较齐全。是社交、会议、娱乐、购物、消遣、保健等活动中心。

2）四星饭店。设备豪华，综合服务设施完善，服务项目多，服务质量优良，室内环境艺术，提供优质服务。客人不仅能够得到高级的物质享受，也能得到很好的精神享受。

3）三星饭店。设备齐全，不仅提供食宿，还有会议室、游艺厅、酒吧间、咖啡厅、美容室等综合服务设施。这种属于中等水平的饭店在国际上最受欢迎，数量较多。

4）二星饭店。设备一般，除具备客房、餐厅等基本设备外，还有卖品部、邮电、理发等综合服务设施，服务质量较好，属于一般旅行等级。

5）一星饭店。设备简单，具备食、宿两个最基本功能，能满足客人最简单的旅行需要。

（3）设计理念

1）设计定位。根据酒店的星级、规模、类型进行设计定位，要考虑符合酒店的功能及品牌。本课题定位为四星级商务型酒店，具有一定的知名度。

2）设计风格。要表现和传达出酒店的文化和个性特征。

3）设计手法。突出"视觉焦点"，营造高雅氛围。可以利用灯光、色彩、家具及室内陈设烘托出室内氛围。

4）成本预算。主要是业主的要求，工程造价问题，可以通过提高使用的效益来解决。流畅合理的平面规划，有效节能的照明方式，易清理或耐污染的材料选择，设计的正确模数等都能降低运营成本。

5）设计小贴士。餐厅设计的功能分析非常重要，要多听取餐厅经营者的意见。散座与包间的安排一定从经营效果出发，不能一味坚持追求设计效果，服务人流与顾客人流的走向，走道与后勤厨房的贯通程度，是否方便推车环行，这些直接影响了平面布局。水吧的设置与否，如何设置，要考虑服务员取物的方便，兼顾设计效果。摆满各色酒瓶的水吧不见得令客人欣赏。只有红酒吧之类以展示为主的酒柜才能为环境加分。

（4）方案设计。酒店设计是一项综合的全方位的设计，需要进行的设计项目非常多，学生可以分组进行，分工合作，主要根据设计要求来解决设计程序、设计方案的表达、空间功能性的划分等问题。学生在设计过程中既可以提高专业设计能力又增强了协调沟通的能力，有了团队合作意识，对今后工作有一定的帮助。

1）大堂的设计。大堂是客人进入酒店的第一空间，给客人第一印象，也是客人出入最频繁的地方。它是酒店的枢纽，有着繁多的功能设置，是设计的重点。

① 前台是前厅部、财务部和电话总机室，还有贮存小件物品的用房。

② 休息区约占大堂面积的5%～8%，与主流线分开，可靠近堂吧和其他商业场所，以引导消费。

③ 大堂经理位置宜选在能看到大堂主要功能部位，面积约为 $8～12m^2$。

④ 公共卫生间的装修标准不低于豪华套房卫生间的标准，要设置残疾人卫生间和清洁工具储存室。

⑤ 服务功能区包括邮政快递服务、书报亭、银行、小型精品店、商务中心、礼品店、咖啡厅等营业场所。

大堂区域的划分要服从功能的需要，不要影响流线的使用，各功能区面积的使用要仔细计算，并根据酒店的级别和客户的需求定位。

2）客房的设计。根据酒店的类型，客房的基本功能会有所增减，从而划分出单人客房、标准客房、商务套房及总统套房等不同的区域。

客房设计要满足客人基本的功能需求：休息、办公、通信、休闲、娱乐、洗浴、化妆、卫生间、行李存放、衣物存放、会客等需求。

8.8.2 普通餐饮空间设计

1. 设计任务书（二）

（1）设计课题：餐厅室内设计。

通过设计实训，掌握餐饮空间室内设计的基本程序、方法，锻炼实践能力，提高对餐饮空间功能性的认识。

（2）设计理念。根据餐饮空间的性质，在满足功能性的同时，创作出具有新意的空间环境，以便更好地吸引顾客就餐。

（3）设计条件。此项目规模为大型酒店，地理位置优越，环境良好。

（4）图样表达

1）室内平面图和顶面图（图8-46）。

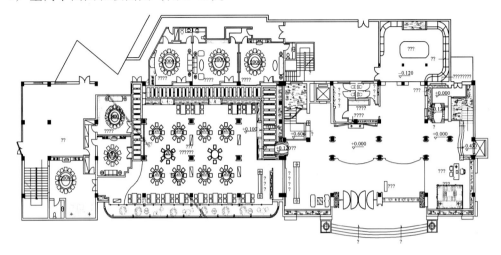

图8-46　室内平面图和顶面图

2）主要空间的立面图、平面图（图8-47、图8-48）。

3）透视效果图可手绘、可用电脑完成（图8-49、图8-50）。

4）剖面图、节点详图。

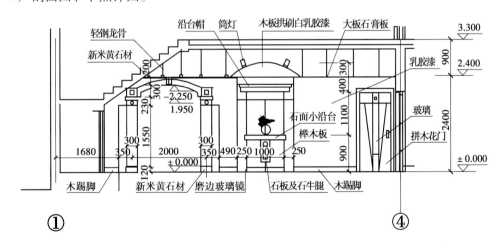

图8-47　主要空间立面图

（5）进度要求

第1~8学时：布置设计任务书，构思草图。

第9~16学时：完成室内空间界面的划分，绘出地平面图。

第17~24学时：完成室内顶平面图及各个立面图。

第25~32学时：绘制效果图，出图。

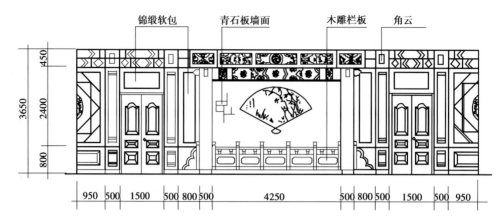

锦缎软包　　青石板墙面　　木雕栏板　角云

图 8-48　主要空间平面图

图 8-49　休息区

图 8-50　包间

（6）调查分析。根据设计课题分析，餐厅属于小型经营，主要是向顾客展示餐厅独有的特色，以及提供方便快捷的服务和舒适就餐的环境，并着力营造愉快温馨的氛围。

和经营者的沟通，了解其经营理念、特色及有无特殊要求等问题。设计的过程是一个整体的规划、布置过程，既要迎合餐厅的经营理念，又要创造出亮点，吸引顾客就餐并给顾客留下良好的印象。在方案策划之初，应先对周围环境如：人流量、交通、停车等方面进行调研；明确餐厅的经营性质及服务标准，确定是快餐店、中餐厅、料理店、西餐厅还是咖啡厅或酒吧。

面对客源的情况如：顾客的人数、阶层、饮食习惯等都要仔细调研清楚。

（7）进入设计阶段

1）餐厅入口设计。在掌握了餐饮空间的基本情况后，就要着手进行设计了，在设计时应该根据餐厅的性质首先确定餐厅的设计风格，将餐厅的入口设计进行规划，通过入口的设计传达出餐厅的营业内容，激起客人进入餐厅就餐的欲望。

入口设计有三种方式：开放式——这种方式在小型餐馆中常见，通透的玻璃可以对餐厅经营一览无余；封闭式——在俱乐部、酒吧、高档餐馆中常见，建筑外立面完全是实墙，从外面看不到内部空间，只是通过大门隐约感受到室内的氛围，这种设计方法，比较注重门面的设计，要求富有特色，一鸣惊人，使人印象深刻；综合式——是最为常见、运用较多的一种方式。根据餐饮经营的性质进行设计，如：咖啡店等小型饮食店，要求有较高的开放和透视程度，可采用开放式入口，安装落地玻璃等方式。私密性要求较高的餐馆可利用窗帘等装饰手段控制外部视线，降低通透程度。

2）平面布置。餐厅的功能区域主要分为用餐功能区（门面、顾客进出的功能区、用餐功能区、配套功能区）和制作功能区两部分。在设置平面布置时核心问题是厨房的位置选择以及一系列的相关问题如：送菜口的位置、原料进入厨房的位置、垃圾出口的位置等。还要保证客人就餐的流线和内部服务流线的畅通。

2. 设计分析

在进行规划以前，要考虑以下一些因素：

经营者提供的各层平面图的条件如何？对每层楼的顾客是否进行了深入研究？针对的顾客层次是哪一类？每层楼的顾客的就餐习惯如何？就餐的年龄层有何区别？各层的室内通道有何不同？针对不同的楼层，其室内餐桌椅有何不同？其形式、款式、大小何区别？每个入口与所在楼层有什么关系？每层楼的入口设计有何不同？其收银台的规模有何不同？每层是不是都有厨房？其规模和风格有何不同？顾客在所在楼层就餐在什么时间？其消费量多少？不同楼层的单间数量有何区别？不同楼层的就餐席位是多少？每层的卫生间规模多大？数量是多少？其装修的档次有何区别？有没有顾客点菜区？是在每楼层点菜，还是在就餐区点菜？

总之，餐厅的平面规划一定要满足其使用功能，设计师要因地制宜，根据现有条件做出最有效的平面布置方式，提高各功能区的使用率。

坐席的布置与排列：坐席的布置与排列是根据餐馆的平面空间位置、餐馆的营业性质、顾客的就餐习惯等设定的。一般有一人席（吧台形式）、两人席、四人席、六人席和多人席等多种形式。在小型餐馆中，通常四人用方桌使用率最高，在大型餐饮空间中十人用圆桌使用率较高。

坐席的排列方式有纵向型、横向型、综合型、自由型、扩散型几种方式。

坐席的布置是餐厅中最重要的部分。在设计时要考虑就餐人的心理，一般人们喜欢靠窗的、靠墙的、视野好的地方就坐，尽可能避开餐厅出入口、送菜口、卫生间等位置。在进行规划布局时可以用屏风、隔断、绿化等方式改善就餐环境，提高顾客的满意度。

本 章 小 结

本章主要讲述了餐饮空间的功能划分；空间界面划分；空间、色彩、灯光等的设计方法；又利用两个具体的设计实例将餐饮空间的设计程序、设计方法和设计结果一一展示出来，引导学生更好地完成餐饮类的设计课题。

思考题与习题

1. 餐饮空间有哪几种形式？有哪些设计风格？
2. 简述餐饮空间的设计程序。
3. 中餐厅和西餐厅的区别是什么？
4. 在餐饮空间中如何利用陈设和绿化营造室内氛围？
5. 在餐饮空间设计中如何利用色彩提高人的食欲？

优秀学生作品赏析——餐饮空间方案设计

◆ 设计命题

我国的饮食文化源远流长，已经成为民族文化的重要组成部分。改革开放以来，随着社会经济的腾飞，进一步带动了各地区不同形式、不同风格饮食文化的发展和变化。本次设计为主题餐馆的室内设计，要体现相应的地域特色。

◆ 设计条件

（1）本次设计的是地处闹市区某大厦的第二层空间约 340m²。

（2）本次设计内容只限于室内净空间，净高 4500mm（板底），梁底高 3900mm。

（3）充分利用提供的室内空间关系，表达餐饮空间的商业氛围，体现作者的设计理念。

◆ 设计要求

（1）拟以主题餐厅为经营项目，除大厅散座外，要求设置不少于 3 个（10 人单桌）包间。

（2）通过设计实现对室内环境中的人与空间界面关系的创新，提倡安全、卫生、节能、环保、经济的绿色设计理念和个性化的设计。

（3）室内环境中功能设计合理，基本设施齐备，能够满足餐厅营业的要求。

（4）体现可持续发展的设计概念，注意应用适宜的新材料和新技术。

◆ 设计表达

1. 方案设计投影图示

（1）平面图（含地面铺装、设施、陈设设计、建筑设备系统概念设计等，出图比例 1∶100 或 1∶150）。

（2）顶面图（含顶面装修、照明设计、建筑设备系统概念设计等，出图比例 1∶100 或 1∶150）。

（3）基本功能空间的立面图（每空间至少两个立面，须表示空间界面装修、设施和相应的陈设设计等）；其他功能空间（自拟）的立面图数量自定（出图比例 1∶100 或 1∶150）。

2. 方案设计效果表达

在基本功能空间中至少选择 3 个空间（其中大厅散座和包间空间为必选），绘制相应的效果图示；或者采用制作模型后摄影表达的方式，替代相应的效果图示绘制。

3. 提交作品的电子文档

制作汇报系列展板，要求：

设计者自行将以上要求内容编排在 820mm×590mm 的展板版心幅面范围内（统一采用竖式构图），须符合规定出图比例（否则视为无效作品）。

附原始结构图（图 8-51）。

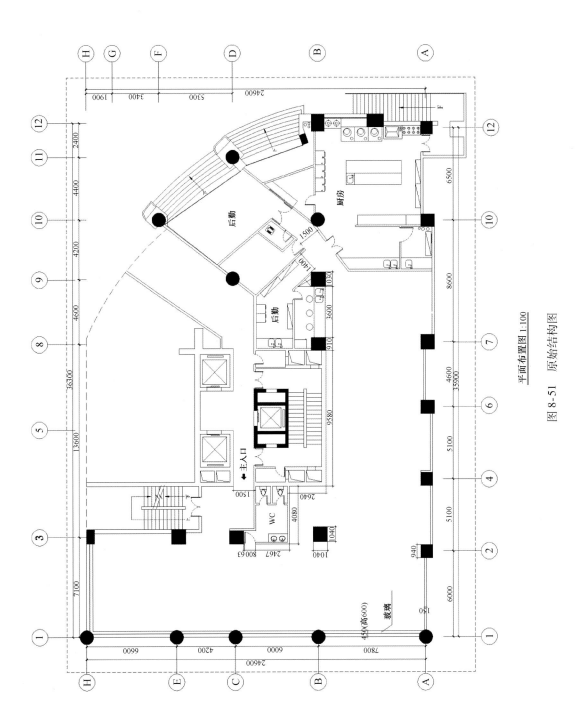

平面布置图 1:100

图 8-51 原始结构图

182

一、青花瓷福建闽东概念餐厅设计

本主题餐厅设计元素以福建闽东特色的黑瓦片、当地麻绳并结合中国特色的青花瓷掠影形式，再加上竹编的网状形式设计理念，贯穿于整个餐厅，营造出一种和谐而又简洁明快的设计风格（图8-52～图8-55）。

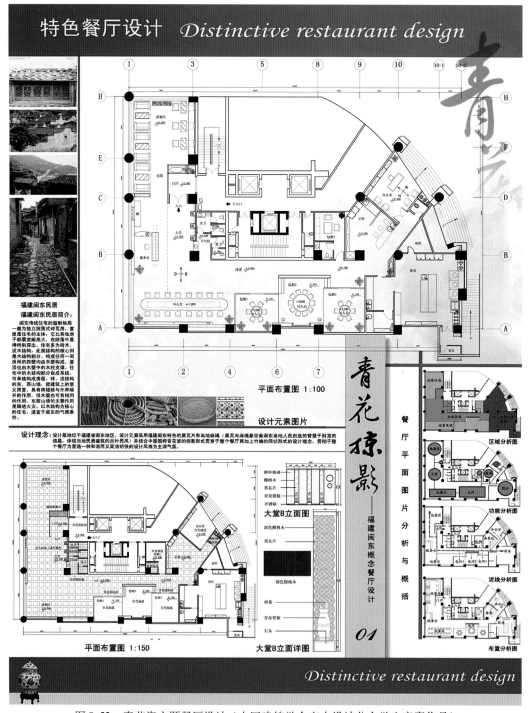

图8-52　青花瓷主题餐厅设计（中国建筑学会室内设计分会学生竞赛作品）

图 8-53　青花瓷主题餐厅设计（中国建筑学会室内设计分会学生竞赛作品）

图8-54 青花瓷主题餐厅设计（中国建筑学会室内设计分会学生竞赛作品）

图 8-55　青花瓷主题餐厅设计（中国建筑学会室内设计分会学生竞赛作品）

二、芬兰风味餐厅方案设计

本主题餐厅主打"芬兰风味"，通过芬兰的蓝天下白雪群山的形态，提取墙面的设计理念，有色彩的，有体块的，体现芬兰的自然形态美（图8-56、图8-57）。

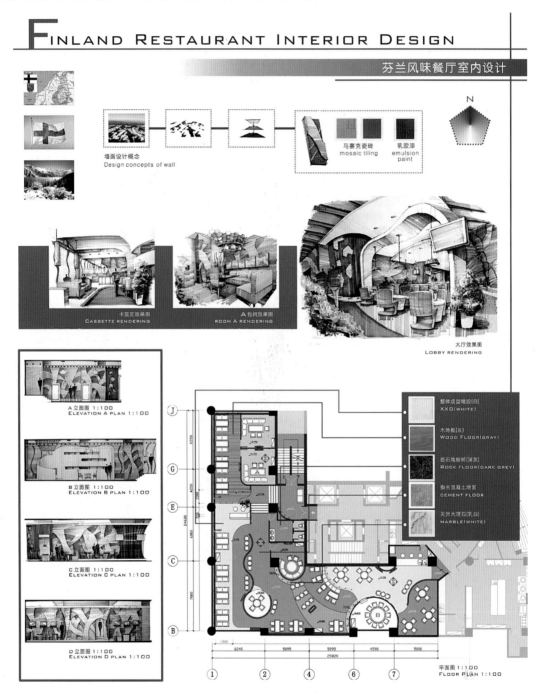

图8-56 芬兰风味餐厅方案设计（学生：谢福里，西安建筑科技大学华清学院）

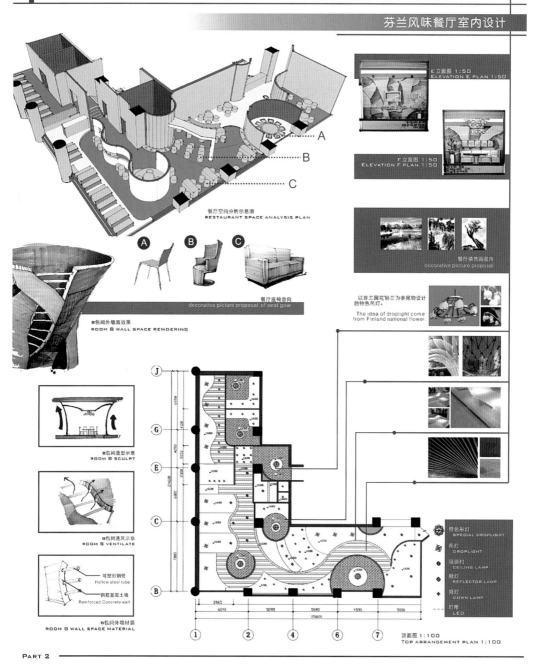

FINLAND RESTAURANT INTERIOR DESIGN

芬兰风味餐厅室内设计

E立面图 1:50
ELEVATION E PLAN 1:50

F立面图 1:50
ELEVATION F PLAN 1:50

餐厅空间分析示意图
RESTAURANT SPACE ANALYSIS PLAN

餐厅装饰画意向
decorative picture proposal

餐厅座椅意向
decorative picture proposal of seat gear

以芬兰国花铃兰为参照物设计
的特色吊灯。
The idea of droplight come
from Finland national flower.

B包间外墙面效果
ROOM B WALL SPACE RENDERING

B包间造型示意
ROOM B SCULPT

B包间通风示意
ROOM B VENTILATE

可塑形钢管
Hollow steel tube

钢筋混凝土墙
Reinforced Concrete wall

B包间外墙材质
ROOM B WALL SPACE MATERIAL

特色吊灯
SPECIAL DROPLIGHT

吊灯
DROPLIGHT

吸顶灯
CEILING LAMP

射灯
REFLECTOR LAMP

筒灯
DOWN LAMP

灯带
LED

顶面图 1:100
TOP ARRANGEMENT PLAN 1:100

图8-57 芬兰风味餐厅方案设计（学生：谢福里，西安建筑科技大学华清学院）

第9章 商务旅馆空间设计

学习目标:

1. 通过对本章的学习,了解商务旅馆空间设计的分类及其特点。
2. 掌握商务旅馆空间的设计程序和设计的基本要素。
3. 学会商务旅馆空间的基本设计以及家具的选择和布置方法。
4. 懂得商务旅馆空间的功能划分。

学习重点:

1. 掌握商务旅馆空间的设计程序和设计的基本要素。
2. 懂得商务旅馆空间的功能划分及商务旅馆的防火、防盗和其他安全要素方面的知识。

学习建议:

了解商务旅馆空间的功能及分类,按照学习重点有计划地学习,逐步掌握设计方法及规律,并通过实训课题的训练提高自己的设计能力。

9.1 商务旅馆空间的发展

宾馆、酒店是一种供旅客休息的建筑。随着旅游业的不断发展,宾馆、酒店的类型越来越多,对室内设计也提出了更多的要求。

1997 年亚洲金融危机,1997~2001 年我国旅游业处于全行业亏损低迷期。目前已不再贪多求全,而向商务型、二、三星级的经济型发展,并据有关方面报道,某些旅馆并非经营不善,而是由于无法偿还创建时的贷款而不得不宣告破产。因此,旅馆建设应因地制宜,节约包括装修费用在内的投资,节约经营管理成本,节能减耗,朝着可持续发展的生态旅馆方向迈进。在竞争日趋激烈的情况下,促使走向国际化、集团化、社会化和信息化。

9.1.1 旅馆设计特点

旅馆的服务对象——旅客虽来自四面八方,有不同的要求和目的,但作为外出旅游的共同心态,通常是一致的。

"宾至如归"充满人情味,常是旅馆设计的重要内容,不少旅馆按照一般家庭的起居、卧室式样来布置客房,并以不同国家、民族的风格装饰具有各国情调的餐厅、休息厅等,来满足来自各地区民族、国家旅客的需要。这样不但极大地丰富了建筑环境,也充分反映了对旅客生活方式、生活习惯的关怀和尊重,从而使旅客感到分外亲切和满意。据报载,宁波市东港大酒店为使每位宾客在得到无微不至的规范服务的同时,更能体味到家的"温馨",对每一个住店宾客都设立了个人档案,记录其特殊要求和爱好,并得到特别照顾,获得了良好的效果。

9.1.2 商务旅馆设计特点

商务旅馆基本以连锁店形式经营于各个地区，是一种经济型的连锁酒店，并且统一打造某一品牌。它们各自以国内全新理念——品牌连锁经济型酒店为经营目标，通过提供舒适、安全、洁净、经济、方便、亲切的住宿环境来满足外出公务及旅游者需要。商务旅馆连锁的特色有三大"统一"性：统一建筑设计；统一的服务；统一硬件设施，各连锁店均提供24h热水淋浴、空调、暖风、电视、电话，有标准的席梦思床具及配套家具，设有咖啡厅，为客人提供方便快捷的早餐和16h茶点供应。旅馆的房间舒适、温馨，使用功能齐全到位又不失豪华感。客栈提出的消费理念是：舒适生活、自然自在、经济实惠。

商务旅馆是集星级酒店的规范服务、下榻舒适安全、卫生洁净和价格低廉的优势于一身的新概念酒店（图9-1、图9-2）。

图9-1 如家商务酒店入口 　　　　　　　图9-2 锦江之星商务酒店入口

9.1.3 现代旅馆设计发展趋势

（1）功能日益综合化。表现是它已不是单纯的"住处"，而是一个集吃、住、购物、休闲、娱乐、社交等多种功能于一身的综合体。有不少旅馆可以接待会议、举办展览、进行商务活动，有些宾馆还可随时为非入住的消费者提供多种文娱、体育、健身、观光等服务。

（2）分工日益细化。一方面是功能的综合，一方面是分工的细化，初看起来，有些矛盾，实质都是为了满足顾客的需求。

所谓分工细化是指不同的宾馆有各自的顾客群。如青年旅馆以青年学生为对象，在这里，有多人合住的客房，床为双层床，洗衣、烫衣多为自助式，目的是降低消费标准，适应青年学生的经济水平，培养他们的集体意识和独立自主的精神。再如汽车旅馆，专为驾车的司机们和自驾车旅游的人们提供服务，在这里，除了有一般旅馆应有的基本设施外，还有大型停车场、加油站、修车及洗车服务站乃至汽车影院等。

（3）特色更加突出。宾馆的客人有不同的目的和要求，但是既然都是来自他乡，就都希望自己下榻的旅馆能有优美的环境、周到的服务、完善的设施和鲜明的特色。

宾馆的设施是不同的，这由宾馆的星级标准所决定。但这并不意味着星级标准较低的宾馆就不能给人留下难忘的印象，关键是看它是否与众不同，具有鲜明的特色。

9.2　商务旅馆空间设计的基本划分

一般旅馆由以下几部分组成：

（1）公共部分。包括大堂、会议室、多功能厅、餐厅、商场、舞厅、美容、健身、娱乐等供所有旅客使用的场所。

（2）客房部分。包括各种标准的客房，是下榻宾馆的旅客私用的空间。

（3）管理部分。包括经理室，财务、人事、后勤管理人员的办公室和相关用房。

（4）附属部分。包括提供后勤保障的各种用房和设施，如车库、洗衣房、配电房、工作人员宿舍和食堂等。

9.3　商务旅馆空间的设计要求

9.3.1　现代宾馆设计应着重体现的主题

宾馆的设计应着重体现民族性、地方性或通过表现某一种特定的主题，而展示自己的个性（图9-3、图9-4）。

图9-3　充满个性的旅馆创意设计之一　　　　图9-4　充满个性的旅馆创意设计之二

1. 民族性

不同民族的宾馆应着重体现本民族的文化传统，特别是建筑文化的传统。如维吾尔族（图9-5、图9-6）和蒙古族宾馆，要分别反映伊斯兰建筑和蒙古建筑的特征，甚至使用该民族特有的家具、陈设、装饰纹样和设备（图9-7、图9-8），这样做能使本族的客人感到方便，也能使其他民族的客人感到新鲜，即满足他们的求知欲和好奇心。从这种思路出发，在我国这种多民族的国家，未尝不可以修建一些四合院旅馆、竹楼旅馆和蒙古包旅馆等。

2. 地方性

不同的地区和不同的城市有不同的地理气候条件、不同的风光与名胜，要想在一个小小

图 9-5　维吾尔族宾馆内景

图 9-6　维吾尔族宾馆客房走廊

图 9-7　蒙古族帐篷

图 9-8　蒙古族帐篷内景

的旅馆中充分体现这些特点，无疑是相当困难的。但是，从设计者的角度看，又必须尽量地体现这些特点，使不同地区和不同城市的宾馆各不相同，有各自的地域特征，以避免"似曾相识"的尴尬。例如，拉萨的旅馆（图 9-9 ~ 图 9-12）、敦煌的旅馆和吐鲁蕃的旅馆，就应该分别体现雪域高原、河西走廊和葡萄沟在地理、气候方面的特点，并且与地域文化以及特殊的风土人情相联系。

图 9-9　拉萨卓玛客栈内景

图 9-10　拉萨某宾馆自主餐厅内景

图 9-11　拉萨 15 号青年旅馆　　　　　　　　图 9-12　拉萨 15 号青年旅馆

3. 历史性

不同国家、地区和城市，有不同的历史沿革和文化背景，宾馆设计应在一定程度上反映这一现实，让旅客从中获得信息、知识和启示。山东曲阜阙里宾馆在室内设计中不但借鉴了中国传统室内设计的经验与成果，还充分体现了孔子及其学说在历史上的地位和作用，是一个相当成功的例子。

4. 不同的主题

旅客外出旅游都有一种猎奇的心态，都有一种在自然环境中放松情绪的愿望，都有一种"经风雨、见世面"、受到教益、增长才干的需求。旅馆室内设计者应该抓住这种心理，别出心裁，从一个人们往往意想不到的角度，设计出让人耳目一新的作品。广州番禺长隆大酒店，位于长隆动物世界大门处，设计者以"动物"为主题，在酒店的装修中使用动物雕塑和与动物相关的图案……充分表达了人与动物应该和谐相处的主题，也使客人得到了少有的满足（图 9-13 ~ 图 9-16）。

5. 整洁、清新、温馨

旅馆通过提供舒适、安全、洁净、经济、方便、亲切的住宿环境来满足外出公务及旅游者需要。如商务旅馆采用装修简洁大方、更新快、周转快的装修方式给旅客朋友一个洁净、

图 9-13　广州番禺长隆大酒店中庭　　　　　　图 9-14　广州番禺长隆大酒店庭院一景

清新、舒适的住宿环境，但优质的软装饰和一流的服务更加使入住旅客感受到五星级的服务。商务旅馆"舒适生活，自然自在，经济实惠"的经营宗旨倍受广大旅游爱好者青睐。

图 9-15　广州番禺长隆大酒店室内景观

图 9-16　广州番禺长隆大酒店室内景观局部

9.3.2　大堂的设计

旅店大堂是旅店前厅部的主要厅室，它常和门厅直接联系，一般设在底层，也有设在二层或和门厅合二为一的。

大堂的面积与宾馆的规模有关，其公共部分（不包括营业区）的面积可按每间客房0.4～0.8m² 考虑。大堂的高度可以贯通二层或更多的楼层，如果只有一层，其高度不可过低。

某宾馆大堂的平面图如图 9-17 所示。

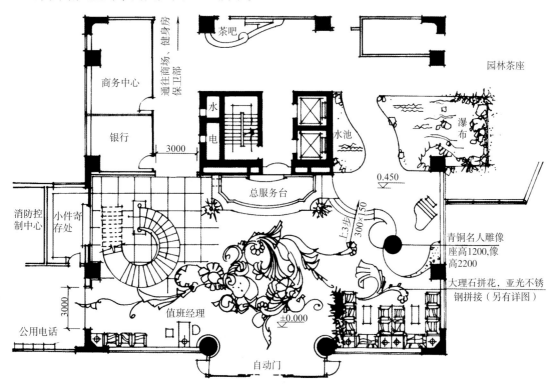

图 9-17　某宾馆大堂平面图

1. 总服务台

总服务台是客人登记、结账、问询和保管贵重物品的地方。一般设在入口附近较明显的地方，使旅客入厅就能看到。总台的服务台有两种基本类型，一种是内低外高的双层台，内台高约0.8m，外台高约1.15m，其特点是客人和服务员都是站着办手续的（图9-18～图9-20）；另一种服务台高约0.8m，宽约0.7m，特点是客人和服务员都可以坐下（图9-21），因此，服务台的内外应同时设座椅。后一种服务台能够体现亲切、平等的气氛，也可免除客人的疲劳，故已越来越多见。服务台的台面多用大理石、花岗石及优质木材制作，服务台的正面，多用石材、木材、皮革、玻璃、铁花等多种材料制作，有的还配以灯具或灯槽。服务台的造型应大方、明朗而有装饰性，服务台的长度可按每个值班员占用1.5m计算。

图9-18　服务台举例1

图9-19　服务台举例2

图9-20　服务台举例3

图9-21　服务台举例4

服务台的后面或附近，应有一部分办公用房和附属用房，包括财务室、值班休息室、贵重物品保管室等。

服务台的背景墙是大堂的视觉焦点，其上可为壁画、浮雕，也可展示宾馆的名称和标志。设计背景墙要充分考虑题材、形式、色彩、材质以及灯光的效果。如果使用壁画或浮雕，其题材最好与宾馆所在的地域、相关的人文历史以及宾馆的功能性质相联系，如本地风光、历史事件等。有些宾馆以传统题材如"大观园"、"清明上河图"、"帝王狩猎图"等作为壁画、浮雕的内容，如与宾馆的功能、性质大体一致，自然也是一个不错的选择。在现代风格的宾馆中，背景墙也可使用抽象图案，或仅仅用不同材料形成一个显示材质和色彩的组合，它们虽无具体内容，却依然能为人们提供欣赏的余地。

大堂后面的背景墙最好少开门，必须开门时，应尽可能位于两端，以便把中间的墙面空出来。两端的门，要从色彩、材料等方面与背景墙的总体相协调，可以与背景墙使用相同的色彩和材料，这样，当门扇关闭时，就能有效地保持背景墙的整体性。

许多大堂都有显示世界主要城市时间的钟表，它们可以布置在背景墙上，也可以布置在服务台上方的横梁上。

2. 休息处

休息处，作为旅客进店、结账、接待、休息之用，常选择方便登记、不受干扰、有良好的环境之处，供入住宾馆的客人临时休息和临时会客使用。应靠近入口，位于一个相对僻静的区域，可用隔断、栏杆、绿化等与大厅的交通部分分开，也可以提高或降低地坪标高，使其具有一定的独立性。

休息处的主要家具是沙发组，数量多少依宾馆的规模而定。大部分休息处位于大堂的一角或者靠墙。

休息处与总服务台以及一楼电梯之间，最好有简洁通畅的线路，避免过长，更要避免往返与交叉。

3. 商务中心

商务中心是大堂中一个独立的业务区域，常用玻璃隔断与公共活动部分相隔离。商务中心的任务是预订车、船、机票，协助传真、打印、复印，代办旅游，提供包车和出租电脑等，有些大一点的商务中心还提供商务洽谈的洽谈席。因此，商务中心应有办公桌椅和与服务项目相应的设备。商务中心的内部，常用柜台划分成两部分，柜台内部为服务人员的座椅，外部为顾客的座椅，柜台较低，同普通桌高度相似（图9-22、图9-23）。

图9-22　商务中心举例1　　　　　　　　图9-23　商务中心举例2

商务中心的装修可按一般办公空间设计，如采用石材、瓷砖、木材地面或满铺地毯，采用夹板、石膏板、铝板吊顶，使用荧光灯盘等。

4. 商店

宾馆的商店是出售鲜花、日用品、食品、书刊和旅游纪念品的地方。由于规模不一，其设置方法也不一样。

小型的商店俗称小卖部，可以占用大堂的一角，用柜台围合出一个区域，内部再设商品的柜架。

中型的商店可以专门辟出一个区域，可在大堂之内，也可通过走廊、过厅与大堂相连，其内分区出售相关的商品。

大型的商店实际上就是一个大商场，它不属于大堂，其内往往有多家小店，如鲜花店、书店、箱包店、服装店、土特产店等。这种商店同一般商场的设计没有两样，只是其档次须与宾馆的级别标准相对应。

大堂是旅客获得第一印象和最后印象的主要场所，是旅馆的窗口，为内外旅客集中和必经之地，因此大多数旅馆均把它视为室内装饰的重点，集空间、家具、陈设、绿化、照明、材料等之精华于一厅。

因此，大堂设计除上述功能安排外，在空间上，宜比一般厅室要高大宽敞，以显示其建筑的核心作用，并留有一定的墙面作为重点装饰之用（如绘画、浮雕等），同时考虑必要的具有一定含义的陈设位置（如大型古玩、珍奇品等），在选择材料上，显然应以高档天然材料为佳，如花岗石、大理石、高级木材、石材，可起到庄重、华贵的作用，高级木装修显得亲切、温馨，至于不锈钢、镜面玻璃等也有所用，但应避免商业气息过重，因为这些材料在商店中已广泛应用。目前很少见到以织物为主装饰大厅的，大概织物更宜于客房、包厢之类的房间，从而也能起到相互对比衬托之故。大堂地面常用花岗石，局部休息处可考虑地毯、墙、柱面可以与地面统一，如花岗石或大理石，有时也用涂料，顶棚一般用石膏板和涂料。大堂的总服务台大部用花岗石、大理石或高级木装修。

9.3.3 客房的设计

客房应有良好的通风、采光和隔声措施，以及良好的景观（如观海、观市容等），或面向庭院，避免面向烟囱、冷却塔、杂院等，以及考虑良好的风向，避免烟尘侵入。

1. 客房的功能要求

（1）客房的种类和面积标准

1）客房一般分为：

① 标准客房。放两张单人床的客房。

② 单人客房。放一张单人床的客房。

③ 双人客房。放一张双人大床的客房。

④ 套间客房。按不同等级和规模，有相连通的二套间、三套间、四套间不等，其中除卧室外一般考虑餐室、酒吧、客厅、办公或娱乐等房间，也有带厨房的公寓式套间。

⑤ 总统套房。包括布置大床的卧室、客厅、写字间、餐室或酒吧、会议室等。

2）客房面积标准：

① 五星级客房一般为26m²，卫生间一般为10m²，并考虑浴厕分设。

② 四星级客房一般为20m²，卫生间一般为6m²。

③ 三星级客房一般为18m²，卫生间一般为4.5m²。

（2）客房家具设备

1）床。分双人床、单人床。床的尺寸，按国外标准分为：

单人床100cm×200cm；特大型单人床115～200cm；双人床135cm×200cm；王后床150cm×200cm，180～200cm；国王床200～200cm。

2）床头柜。装有电视、音响及照明等设备开关。

3）装有大玻璃镜的写字台、化妆台及椅凳。

4）行李架。

5）冰柜或电冰箱。

3）、4）、5）三项常组成组合柜。

6）彩电。

7）衣柜。

8）照明。有床头灯、落地灯、台灯、夜灯及在门外显示请勿打扰照明等。

9）休息座椅一对或一套沙发及咖啡桌。

10）电话。

11）插座。

（3）卫生间

1）浴缸一个，有冷热水龙头、淋浴喷头。

2）装有洗脸盆的梳妆台，台上装大镜面，洗脸盆上有冷、热水管各一个。

3）便器及卫生纸卷筒盒。

4）要求高的卫生间有时将盥洗、淋浴、马桶分隔设置，包括4件卫生设备的豪华设施。

2. 客房的设计

客房是宾馆中重要的组成部分，多层及高层宾馆中，若干个客房层的平面布局是相似的，故这样的客房层也称标准层。客房层靠近楼电梯处需有一个楼层服务台，在这里，楼层服务员可以观察到客人上下出入的情况，可以随时为客人提供服务，也可以方便地到达值班室、备品室，并按程序到客房完成清扫整理等工作。

（1）客房的种类

1）单人间。单人间又称单人客房，其间的主要家具和设施是一张单人床、一个床头柜、一张多用桌、一箱包架、两张休闲椅、一个茶几以及固定设在入口处的衣橱和洗手间（图9-24、图9-25）。

图9-24　单人间客房1　　　　　　　　　　　图9-25　单人间客房2

2）双床间。双床间又称标准客房，在多种客房中，这种客房数量最多，设施的配备也最"标准"。其主要家具和设施是两张单人床、一个两人共用的床头柜、一对休闲椅和一个茶几、一个写字、梳妆、放电视机的多用桌和一张写字椅、一个箱包架以及分别位于小门厅两侧的衣橱和洗手间（图9-26～图9-31）。

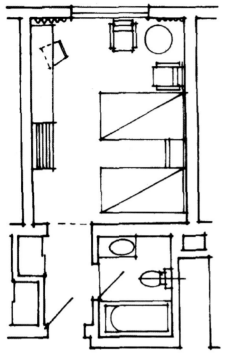

图 9-26 双床间平面图 1

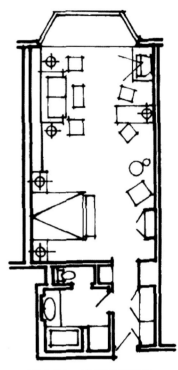

图 9-27 双床间平面图 2

图 9-28 双床间客房 1

图 9-29 双床间客房 2

图 9-30 双床间客房 3

图 9-31 双床间客房 4

客房的单人床常常大于家庭的单人床，常用尺寸为 2000mm × 1200mm。多用桌较窄，宽度约为 500mm 左右。桌子可以是带柜的，其中可放冰柜及保险箱。桌的上部有梳妆镜，镜上有镜前灯。休闲椅和茶几大都靠窗布置。箱包架与多用桌相接，是客人存取衣服时放置衣箱的，为防止箱子滑落，其表面有铜制或木制防滑条。床头柜置于两个单人床的中间，上有全部灯具的开关以及电视机的开关等。

3）双人间。与双床间的配置相似，只是床为双人床，尺寸为 1800mm × 2000mm 或 2000mm × 2000mm（图 9-32 ~ 图 9-35）。

4）套间客房。由两间组成（图 9-36、图 9-37）。外间为客厅，主要家具为沙发组和电

图 9-32　双人间客房 1

图 9-33　双人间客房 2

图 9-34　双人间客房 3

图 9-35　双人间客房 4

图 9-36　套间局部效果

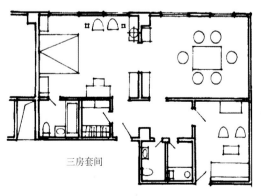

三房套间

图 9-37　套间平面布置图

视柜，有时还可以增设早餐用的小餐桌。客厅是供客人休息、接待客人和洽谈生意的地方，可适当摆放盆花等陈设。套房的里间是客人睡觉的地方，其配置与双床间或双人间相同。套间客房大都配备两个洗手间，分别供住宿者、来访客人使用。供客人使用的洗手间，位于入口处，有时不设浴缸。里间的洗手间供住宿者使用，故必须有面盆、便器和浴缸等三件洁具。

为了经营上的方便，可在两间普通客房的共用墙上设一樘门，当经营上需要较多普通客房时关闭此门，将套间客房按普通客房出租；当经营上需要套间客房时，打开此门，将其中的一间改为客厅，按套间客房出租。套间客房不限于两间相套，也有三间或四间相套的。三间或四间相套时，可能单独设置餐厅及办公室。

5）总统套房（图9-38）。五星级宾馆和某些四星级宾馆有总统套房。总统套房的组成不尽相同，基本空间为总统卧室、夫人卧室、会客室、办公室（书房）、会议室、餐厅、文娱室和健身室。有些宾馆在总统套房的前部设置随行人员的用房，它们与总统套房相邻，但又各有各的独立性。

不同星级标准的宾馆，对各类客房应配的家具和设备都有明确的规定，但不同国家、不同标准的宾馆，家具和设备的多少和款式也会有一些差别，如有些客房可能增设餐桌、小酒吧或专门用于办公的桌椅，有些客房的卫生间还可能增加女士净身盆、旋涡浴缸和桑拿房等。

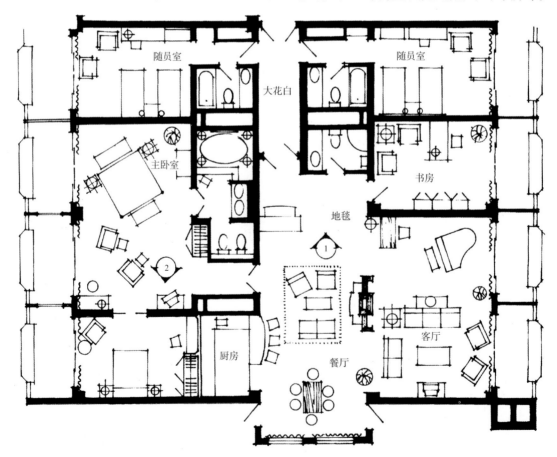

图9-38 某总统套房平面图

（2）客房的设计。客房虽然不大，也要进行分区，如睡眠区、休闲区、工作区等。按一般习惯，休闲区常常靠近侧窗，睡眠区常常位于光线较差的区域。有些宾馆可能设3床或4床的单间客房，为使用方便，其卫生间内最好设两个洗脸盆，并采用浴厕分开的布置。

客房的装修应简洁明快，避免过分杂乱繁琐。地面可用地毯、木地板或瓷砖，色彩要安定、素雅。墙面可用乳胶漆或壁纸饰面。不必做吊顶，如做吊顶，造型应简单。有些客房，在墙面与天棚的交角处设置木角线。

客房的灯具宜综合使用吸顶灯、壁灯、台灯和立灯，并要分别控制。客房高度偏小，不宜使用过大的吊灯，房间的整体照明可用窗帘盒内的荧光灯，这样做，能达到空间整洁和光线柔和的目的。为妥善把握环境的整体格调，在选择和布置家具陈设、确定室内色彩等方面要处理好以下关系：

一是简洁明快与"家庭氛围"的关系。为了适应现代社会的节奏和便于经营管理，客房的家具、陈设应相对简洁，不要有很多复杂的线角和雕刻。但是，过于简洁的客房有可能偏向冷漠和寡淡，使客人感到生疏，丝毫体现不出"宾至如归"的感觉。为了解决这一问题，应设法增加环境的亲切感，如使用稍暖的颜色，悬挂一些有趣的挂画或壁饰，多一些造型优美的插花、盆栽、台灯和立灯，在采用素雅的窗帘、床罩和地毯的同时，搭配色彩图案相对鲜艳的靠垫等。

二是标准化与个性化的关系。不同等级的客房有什么样的配置，各国都有明确的规定。因为只有如此，才能符合规范化与标准化的要求。但常识告诉我们，标准化的东西往往缺少个性，只顾及统一要求的客房环境很可能千篇一律，让客人产生"似曾相识"的感觉。因此，设计者一定要在遵照统一规定的前提下，努力创新，使客房具有较多的个性。

（3）商务酒店标准客房设计要素。客房运行成本低，收益回报丰厚，是酒店利润的重要"产地"。但是，长久以来，客房，特别是标准客房的设计含量很低，从功能、格局乃至家具款式的每一个细节都大同小异，变成了真正意义上的"标准"客房，所以设计师应该努力地改变这种现状。

1）公共走廊及客房门。客人使用客房是从客房大门处开始的，一定要牢记这一点，公共走廊宜在照明上重点关照客房门（目的性照明）。门框及门边墙的阳角是容易损坏的部位，设计上需考虑保护，钢制门框应该是个好办法，不变形，耐撞击。另外，房门的设计应着重表现，与房内的木制家具或色彩等设计语言互通有关，门扇的宽度以 880～900mm 为宜。

2）户内门廊区。常规的客房建筑设计会形成入口处的一个 1.0～1.2m 宽的小走廊，房门后一侧是入墙式衣柜。建议：如果有条件，应尽可能将衣柜安排在就寝区的一侧，客人会感到方便，也解决了门内狭长的空间容纳过多的功能，造成使用不便。

3）工作区。以书写台为中心。家具设计成为这个区域的灵魂。强大而完善的商务功能于此处体现出来。宽带、传真、电话以及各种插口要一一安排整齐，杂乱的电线也要收纳干净。书写台位置的安排也应依空间仔细考虑，良好的采光与视线是很重要的。

4）娱乐休闲区、会客区。以往商务标准客房设计中会客功能正在渐渐弱化，从住房客人角度讲，他希望客房是私人的、完全随意的空间，将来访客人带进房间存在种种不便。设计中可将诸如阅读、欣赏音乐等很多功能增加进去，改变了人在房间只能躺在床上看电视的单一局面。

5）就寝区。这是整个客房中面积最大的功能区域，床头屏板与床头柜成为设计的核心问题。为了适应不同客人的使用需要，也方便酒店销售，建议两床之间不设床头柜或设简易的台面装置，需要时可折叠收起。床头背屏与墙是房间中相对完整的面积，可以着重刻画。

6）卫生间。卫生间空间独立，风、水、电系统交错复杂。设备多，面积小，处处应遵循人体工程学原理，做人性化设计。在这方面，干湿区分离，座厕区分离是国际趋势，避免了功能交叉，互相干扰。

① 面盆区。台面与化妆镜是卫生间造型设计的重点，要注意面盆上方配的石英灯照明和镜面两侧或单侧的壁灯照明，二者最好都不缺。

② 座便区。首先要求通风、照明良好，一个常忽略的问题是电话和厕纸架的位置，经常被安装在座便器背墙上，使用不便。另外，烟灰缸与小书架的设计也会显示出酒店的细心周到。

③ 洗浴区。浴缸是否保留常常成为业主的"鸡肋"问题，大多数客人不愿意使用浴缸，浴缸本身也带来荷载增大、投入增大等诸多不利因素，除非是酒店的级别与客房的档次要求配备浴缸，否则完全可以用精致的淋浴间代替之，节省空间，减少投入。另外，无论是否使用浴缸，带花洒的淋浴区的墙面材料选择时，要避免不易清洁的材料，像磨砂或亚光质地都要慎用。

一些新技术的出现也为客房灯光控制模式提供了新的思路，例如全遥控式的客房灯光控制系统，用电视遥控器大小的一个红外遥控器就可以随意开关灯，连开关面板都省了，当然也省去了墙内的一些布线。

9.4 商务旅馆空间设计实训

高层商务旅馆建筑设计任务书

适用专业：建筑室内装饰工程以及环境艺术专业

开课阶段：室内设计第3阶段

课内学时：64学时

教学目的及要求：

1）教学目的。通过本课程设计，了解高层公共建筑的室内设计方法和步骤，并熟练掌握其中典型的类型空间——商务旅馆建筑的设计方法。培养综合处理建筑装饰功能、建筑装饰技术和室内设计以及装饰艺术诸多方面的矛盾统一，锻炼设计建筑室内设计方案的能力。

2）教学要求：

① 掌握高层建筑空间组合方法，处理好各功能分区间的关系。

② 掌握商务旅馆的设计规则、功能要求以及各功能区之间的联系。

③ 掌握高层建筑的防火设计要求，处理好防火分区和安全疏散等方面问题。

④ 熟练掌握设计方法，满足商务旅馆的功能要求，能够设计完整的方案图和绘制施工图。

3）基本要求。能运用计算机绘制CAD二维图样，按照制图规范出图，能够表达主要区域的装饰设计效果图。

9.4.1 设计任务书

（1）设计课题——某商务旅馆室内装饰设计。通过商务旅馆室内装饰设计，使学生掌握商务旅馆设计的方法与程序，了解商务旅馆在设计、施工时容易出现的问题及解决的方法与策略。使学生在设计的同时做到各门学科的融会贯通。了解当今市场的装饰材料，研究怎样运用好材料来丰富设计，做出经济、实用的设计方案。

（2）设计理念。以人为本，融入现代的设计理念，经济实用的设计理念。让旅客感到温馨、舒适的入住环境。合理进行空间的设计与划分，使室内设计的风格、功能、材质、肌理、颜色等更突出该旅馆的特色；在住房条件和服务上，满足旅客的需求，营造舒适、轻松而又富有特色的宾馆空间。

（3）设计内容要求。某商务旅馆的一层平面和标准层客房设计，图样根据情况自定。

具体功能要求：

1）一层包括：大堂、等候休息区、服务台、员工办公室、商务中心、餐厅等功能区。

2）标准层主要设计客房，要求设计类型有：双床间（标准间）、双人间（家庭套房）、商务套房三种类型客房。

9.4.2 图样表达

（1）方案阶段。拿到设计课题以后，首先要了解业主的设计定位和宾馆等级，业主投入资金的多少直接影响着设计的水准。离开了充分的资金支持一切都为空谈！另外还应了解当地的风土人情，只有分析并了解了设计对象，才能明确设计方向，充分做好准备，合理、高效地进行系统的设计。

出图要求：

1）宾馆一层平面图、标准层的平面图（方案），可以是草图。

2）入口外立面效果表现图。

3）主要空间的透视效果图（大堂服务台，标准间客房）。

4）设计方案说明。

做完平面和主要立面设计以后，要勾勒出空间的透视草图，将空间的各个面及家具都要表现出来，在勾勒的过程当中及时发现问题及时修改，不断调整方案，直到满意为止。

（2）施工图阶段。以上步骤完成之后，进行大样和施工图的设计，最终完成全套图样，全套图样包括以下内容：平面图、顶面图、立面图、效果图、节点大样图，此外还要给甲方提供材料清单、色彩分析表、家具与灯具图表清单等。

出图要求：

1）一层平面图、标准层的平面图细化设计。

2）一层平顶图、标准层的平顶图设计。

3）主要空间室内各界面设计及施工图绘制。

4）主要空间的透视效果图完善、修改（大堂服务台，标准间客房）。

5）剖切大样图、节点图。

（3）图样要求：

1）A3图样，比例：1:100、1:50、1:25、1:10、1:5等。

2）要求图样系统而完整，制图规范。

本 章 小 结

本章主要讲述了商务旅馆设计的基本概念；旅馆空间功能划分的类别；各空间界面的处理等方面的知识，并通过商务旅馆空间的设计实训，对设计课题做出一定空间的设计演练，使学生明晰商务旅馆空间的设计程序和设计的基本要素，掌握设计的方法，体验设计的过程。

思考题与习题

1. 简述商务旅馆设计理念和客房类别。
2. 在旅馆大堂平面布局时应注意的问题是什么？

优秀学生作品赏析——商务旅馆方案设计

◆ 设计命题

快捷酒店的概念产生于20世纪80年代的美国，近几年才引进到中国。快捷酒店又称经济型酒店，是相对于传统的全服务型高档星级酒店而存在的一种价格低廉、服务规范、性价比高的酒店业态，即以大众观光旅游者和中小商务旅行者为主要服务对象，以客房为唯一产品或核心产品，内部功能齐全、设施简洁实用、空间紧凑、色彩明快的现代酒店业态。这类酒店大多是由旧办公楼和其他建筑改造而成，它们的大量出现，使酒店市场的服务层面更加丰富。

◆ 设计条件

（1）本题目为旧办公楼改造而成的快捷酒店，共7层，1层为大堂、自助餐厅、办公和酒店内部用房，2~7层为客房层。

（2）为设计者提供需设计的1层大堂和自助餐厅部分及标准客房平面、剖立面、外立面图（图9-39~图9-41）。

1）大堂、自助餐厅

① 净高：3850mm。

② 主梁底高：3250mm。

③ 次梁底高：3350mm。

④ 外墙厚：250mm。

⑤ 内墙厚：150mm。

⑥ 柱：600mm×350mm、450mm×350mm。

2）客房

① 净高：2850mm。

② 梁底高：2550mm。

③ 门洞口尺寸：900mm×2100mm。

④ 窗洞口尺寸：1350mm×1350mm。

3）卫生间

① 门洞口尺寸：700mm×2100mm。

② 窗洞口尺寸：600mm×1350mm。

◆ 设计要求

（1）设计需符合快捷原则：极简、经济、高效、温馨。

（2）大堂需设置总服务台，自助上网、电话、休息等候区等。

（3）就餐区为自助餐形式，需设置8m长的自助供餐台及餐桌、椅。

（4）设计时应考虑装修用材的耐磨损、宜清洁、环保、消防等因素，力求以较低的造价获得最好的设计效果。

（5）客房为单人间或双人间，具体功能包括：卧床、阅读、书写、上网、电视、茶水、行李放置、衣物架等。

卫生间功能包括：淋浴、盥洗、座便等。

（6）设计范围：大堂、自助餐厅、客房（含卫生间），厨房不需设计。

◆ 设计表达

1. 方案设计投影图示

（1）平面（含地面铺装、设施、陈设设计、建筑设备系统概念设计等，出图比例：大堂、自助餐厅 1∶100 或 1∶150；客房：1∶50 或 1∶30）。

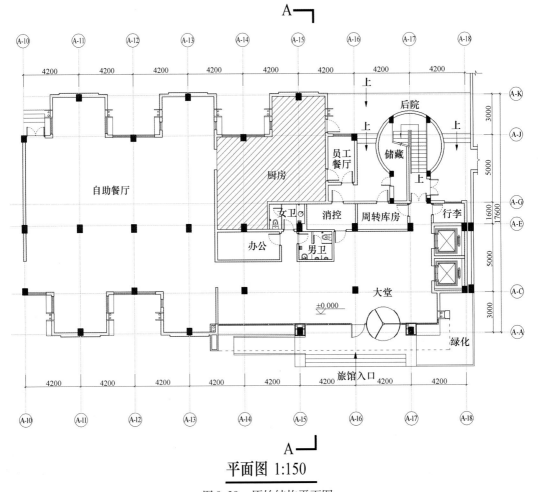

平面图 1∶150

图 9-39　原始结构平面图

（2）顶平面（含顶面装修、照明设计、建筑设备系统概念，出图比例大堂、自助餐厅：1∶100 或 1∶150 ；客房：1∶50 或 1∶30）。

（3）大堂、自助餐厅、客房空间内的主要立面或剖立面，数量自定，需明确表达出界面，设施、配饰等设计内容（出图比例 1∶100 或 1∶150 或 1∶50 或 1∶30）。

2. 方案设计效果表达

要求绘制大堂、自助餐厅和客房空间的相应效果图；可采用多种工具和表达方式相结合，如手绘、计算机、制做模型等。

3. 提交作品的电子文档

制作汇报系列展板，要求：

设计者自行将以上要求内容编排在 820mm×590mm 的展板版心幅面范围内（统一采用竖式构图），须符合规定出图比例（否则视为无效作品）。

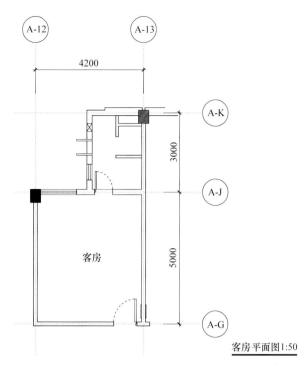

图9-40　原始结构客房平面图

一、善舍快捷酒店方案设计

"快"让人错失了很多美好的事物，因此希望通过这个设计打造一个能够让我们放慢生活和工作的节奏，营造一种安静平和、放松随性的"短暂"居住环境。

在此设计中，引入禅宗的思想理念，并根据服务人群的特性，提取了枯山水、藤制品、竹等禅宗元素来打造整体酒店环境，例如大堂的竹和清水混凝土搭配的背景造型与吊顶的绿色竹节玻璃吊灯，休息区的藤制蒲团与抽象禅意挂画等，都延伸出了一种对舒适和高品质生活方式的诉求，从而打造出一所新型的快捷酒店（图9-42）。

二、尚舍快捷酒店方案设计

尚舍，Sun Set，作为快捷酒店的名字，意思就是想让每一位客人住进来都能心情愉悦，享受这不同的体验。

本案是围绕"优雅"为主题，将高尚优雅与现代相结合，以简洁明快的设计风格为主调设计的一个快捷酒店。全面考虑，在总体布局上尽量满足旅客的需求。

线在室内设计中是作为流行家居中时尚追求的元素符号。简约、明快、高雅，一些时尚的审美精髓往往是通过设计师对线形的把握来达到的。在尚舍快捷酒店的设计中充分体现了这点。在该设计中，运用各种线形造型及材料，穿梭于地面和墙面，使整个空间格局开阔并深远，坚实地奠定了这种时尚的气氛，现代的界面、陈设及配饰，带出了空间的时尚气质。从时尚的元素寻找灵感，并且在其中渗透着对时尚的消费快感。将设计的焦点对准生活方式，普及年轻人的文化，秉着颠覆传统审美的野心，并为达到年轻人及更多不同受众的诉求，超越了传统的形式（图9-43、图9-44）。

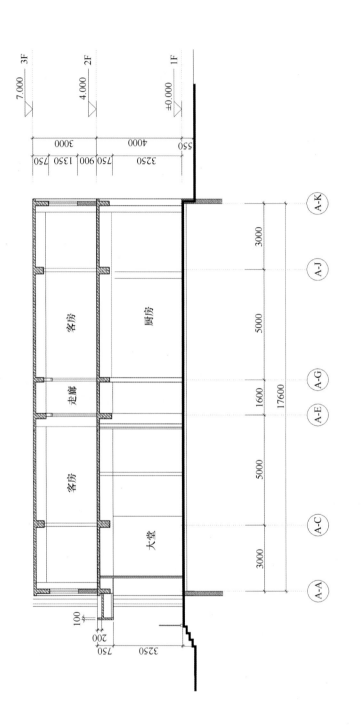

图 9-41 原始结构 A-A 剖面图

"快"让人错失了很多美好的事物。因此希望通过这个设计打造一个能够让我们放慢生活和工作的节奏，营造一种安静平和、放松随性的"短暂"居住环境。

在此设计中，引入禅宗的思想理念，并根据服务人群的特性，提取了枯山水、藤制品、竹等禅宗元素来打造整体酒店环境，例如大堂的竹和清水混凝土搭配的背景造型与吊顶的绿色竹节玻璃吊灯，休息区的藤制蒲团与抽象禅意挂画等，都延伸出了一种对舒适和高品质生活方式的诉求，从而打造出一所新型的快捷酒店。

图 9-42　善舍快捷酒店方案设计　　（学生：郑鹏　指导老师：袁华）

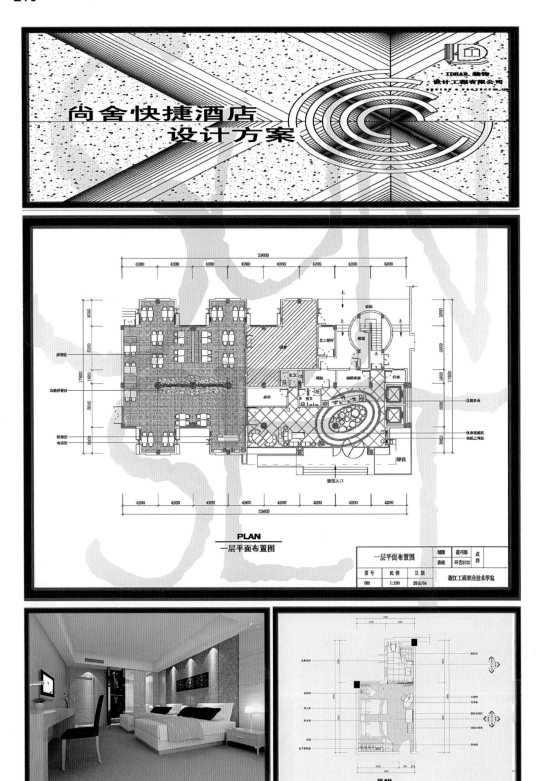

图 9-43　尚舍快捷酒店方案设计（学生：蔡巧娜　指导老师：王明道）

尚舍快捷泛店 设计方案

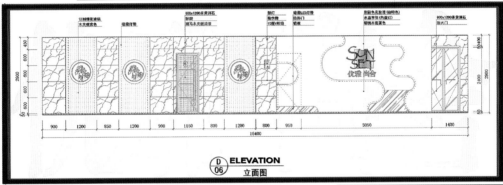

ELEVATION
立面图

设计说明

从时尚的元素需找灵感,并且在其中渗透着对时尚的消费快感。将设计的焦点对准生活方式,普及年轻人的文化,从中寻找新的语记,乘着颠覆传统审美的野心,并为达到年轻人及更多不同受众的诉求,超越了传统的形式。

图 9-44　尚舍快捷酒店方案设计（学生：蔡巧娜　指导老师：王明道）

第 10 章　专卖店空间设计

学习目标：

　　1. 理解专卖店空间设计的基本概念，掌握对专卖店空间功能的组织。
　　2. 熟悉专卖店空间设计的原则与要求，掌握专卖店空间照明与设计。

学习重点：

　　1. 掌握专卖店空间设计的原则与要求。
　　2. 掌握对专卖店空间功能的组织。

学习建议：

　　1. 在理论课讲授后，必须走出课堂，通过对专卖店设计的实地调研，增加感性认识，为今后设计做必要的准备。
　　2. 本章的学习需要通过一定数量的设计练习，帮助学生逐渐掌握基本的专卖店空间设计的原则、要求及设计规律。

　　专卖店是对品牌进行二次包装和经营，这种包装更多地体现在对产品以外元素的把握上。专卖店是产品、形象的最直接展示，是视觉识别中的一个重要组成部分。通过卖场终端建立品牌形象是一种便捷的宣传推广形式，而各具空间特色的店面设计构成了品牌各自的卖场风格，并从多个角度向消费者传达着品牌的个性。良好而巧妙的空间设计风格能够烘托出产品的品质，提高产品的附加值。

　　对室内设计师而言，专卖店室内环境的塑造，就是为顾客创造与时代特征相统一，符合顾客心理行为，充分体现舒适感、安全感和品味感的消费场所。

10.1　专卖店空间设计的基本概念

10.1.1　专卖店的概念

　　专卖店是专门经营某一品种或某一品牌的商品及提供相应服务的商店，它是满足消费者对某类（种）商品多样性需求以及零售要求的商业场所。是专门经销某一特定品牌产品的，由生产企业直接参与管理，是企业直接面对消费者的窗口。专卖店可以按销售品种、品牌来分，商品品种全、规格齐，挑选的余地比较大。这种集形象展示、沟通交流、产品销售、售后服务为一体的专卖店服务营销模式，是在原来专柜宣传的基础上功能的拓展和延伸，专卖店的建立对销量的提升、品牌形象的塑造、消费者的吸引，企业文化的宣传，产品陈列和推广等方面发挥至关重要的作用。

10.1.2 专卖店的功能

一般认为，专卖店有三层功能：

（1）专卖店是建立关系的场所。营销思路要求专卖店必须致力于与消费群体之间建立联系（这种联系不仅仅是买卖关系，还包含情感与价值共享），亲和力和广泛的认同感是建立持久联系的基本要求。

（2）专卖店是企业与品牌形象宣传的窗口。专卖店的环境与服务必须致力于品牌的宣传和推广，店面同时承担着媒体的作用。

（3）专卖店是一个信息中心，是发现消费需求和消费情报的最佳场所，为企业提供及时而精确的消费信息。专卖店的设计除满足装饰的基本功能及形式美的要求外，还有更丰富的要求与内涵。

10.1.3 专卖店空间设计的含义

专卖店空间设计的含义可以简要地理解为：运用一定的物质技术手段与经济能力，以科学为功能基础，以艺术为表现形式，创造出符合顾客心理，充分体现舒适感、安全感和品位感的专业性卖场。

专卖店按销售品种分，有服装、化妆品、鞋类、箱包、首饰、美术用品、体育用品商店等专卖店。按品牌分的专卖店，其内部设计应体现独特的风格，突出品牌特征，且不同的销售内容对空间的功能和形式的设计有不同的要求。一般专卖店的设计追求商品的最佳展示效果，营造具有亲和力的空间尺度。照明与色彩设计往往强调艺术氛围，室内空间的造型设计具有系列化与系统化的特征。

10.1.4 专卖店空间设计的内容

1. 门面、招牌

专卖店给人的第一视觉就是门面，门面的装饰直接显示商店的名称、行业、经营特色、档次，是招揽顾客的重要手段，同时也是形成市容的一部分。

2. 橱窗

一般作为专卖店建筑的一部分，既有展示商品、宣传广告之用，又有装饰店面之用。在设计橱窗时有几个因素需要考虑：

（1）要与店面外观造型相协调。

（2）不能影响店堂实际使用面积。

（3）要方便顾客观赏和选购，橱窗横向中心线最好能与顾客的视平线平行，便于顾客对展示内容的解读。

（4）考虑必须的防尘、防淋、防晒、防风、防眩光、防盗等。

（5）橱窗的平台高于室内地面不应小于0.20m，高于室外地面不应小于0.50m。

3. 货柜

货柜是满足商品展示及存储行为的一种封闭或半封闭式商业陈设，可分为柜台式售货货柜和自选式售货货柜。

柜台式售货货柜是专卖店中用于销售、包装、剪切、计量和展示商品的载体，由封闭式玻璃柜台和货橱两部分构成。柜台售货式货柜的功能有以下三方面：

（1）计量、包装和出售商品。

（2）展示商品，通过展示提高消费者对商品的了解、记忆和信服程度，从而诱导顾客的购买行动。

（3）广告宣传引导消费。在不影响交通流线和视线的前提下，还可利用柜台设置灯箱和广告牌，向消费者宣传商品信息，刺激消费者的购买欲。

柜台式售货柜的布置应方便消费者选购商品，方便营业员工作，充分发挥柜台的使用效能，提高营业面积的使用率。专卖店中往往把柜台和展柜组合进行布置。柜台的布置形式主要有周边式（含周边带仓式）布局、岛屿式（半岛式、单柱岛式、双柱岛式）布局、斜角式布局、放射式布局、和自由式布局等。

自选式售货货柜通常为开放式展示橱、柜，供顾客自选。其式样不但需要考虑商品的用途、性质，更要考虑顾客的年龄层次和生活习惯等因素。货架的尺度应符合人的行为习惯与生理特点。自选式售货货柜的造型设计应该与整个室内装饰的形式统一，从材料、形态、色彩、照明和广告等多方面考虑。自选式售货柜应保持足够的营业长度，其开敞式的售货单元应便于顾客选购物品。自选式售货货柜的布置方式主要有岛屿自选式、行列自选式、放射自选式和自由自选式等多种。

4. 货架

泛指专卖店营业厅中展示和放置拟销商品的橱、架、柜、箱等各种器具，由立柱片、横梁和斜撑等构件组成。

货架的布置是专卖店布置的主要内容，由货架构成的通道，决定着顾客的流向，不论采用垂直交叉、斜线交叉、辐射式、自由流通式或直接式等布置方法，都应为经营内容的变更而保留一定的活动余地，以便根据需要调整货架布置的形式。专卖店的各种货架都采用组合的形式，只有一些专营店才少量采用固定形式的货架。货架之间的距离应保证客流通畅，大型专卖店应根据商店的规模形成的人流量、经营品种的体积测算出合理的距离，一般来说主通道应在 $1.6 \sim 4.5m$ 之间，次通道应在 $1.2 \sim 2.0m$ 之间。

现在专卖店的货架设计除了满足功能性的要求外，形式上的现代感也是塑造专卖店形象的主要方面。现代的专卖店货架多采用简洁的直线构成，简明、大方。同一家专卖店内的货架，其造型应基本统一，保持尺寸一致、材料一致、形式特征一致以及色彩一致，使货架具有统一感。专卖店货架的设计与商品是密切关联的，商品陈设的要求主要表现在是否能堆放、悬挂、竖放、横放、散装等，货架的设计还应保证为商品陈列上架留有适当的面积和空间。

货架采用的传统材料有木材、金属（钢、铝）、玻璃等，但现代商业空间布置有逐渐使用合成材料（如玻璃钢、亚克力、有机玻璃等）取代木材、金属和玻璃的趋势。这些合成材料具有质量轻、半透光、可着色、成形自由、成本低廉等特色。除此之外，各种强化塑料、合成木材等新型材料也正在逐步推广应用。

货架为了陈列商品，一般不采用刺激性的色彩，以免喧宾夺主。但应考虑商品陈列架与商品之间的色彩关系。如色彩鲜艳的商品，货架的色彩要灰；浅色的商品，货架颜色宜深；深色商品，货架色彩宜淡。货架的色彩在这里起的是有陪衬作用的背景色。

一般在商品架、商品橱、商品柜内部都附有局部的辅助照明灯具，以提供给商品充分的展示效果。局部照明应考虑灯光的投光范围，一般采用投光灯，按橱、柜的实际尺寸调整其照度。

5. 询问台

又称为导购台，是一种主要解决来宾的购物问询，指点顾客所要查找的地点方位等问题的指向性商业陈设。询问台还能提供简单的服务项目比如失物招领，雨具出借等。询问台的位置一般在专卖店空间的入口处，易于识别。其形态应该与整个室内空间的陈设风格相统一，但材料与色彩的选择应醒目、突出，具有适当的个性特征。

6. 柜台

柜台是专卖店空间中展示、销售商品的载体，也是货品空间与顾客空间的分隔物，同时还是营业员展示、计量、剪切、包装和出售商品的陈设设施。柜台在分隔销售区域与购买区域上作用很强，且其组织方式不同，分隔出的空间形式亦不同。柜台多采用轻质材料（便于移动搬运）以及通透材料。柜台长度、宽度与高度既要便于销售，尽可能减少营业员的劳动强度，又应便于顾客观赏及选择商品，具体尺寸可根据商品的种类和服务方式确定。

10.2 专卖店空间设计的原则和要求

10.2.1 专卖店空间的设计原则

能否营造出品牌与消费者之间的感性互动沟通，吸引顾客购物欲望的专卖店整体营销氛围，是专卖店空间功能设计的基本原则。此外，还应遵循以下一些具体的设计原则：

（1）商品的展示和陈列应根据经营性质、理念、商品的属性、档次以及顾客群的特点，按合理性、规律性、方便性、营销策略进行总体布局设计，确定室内环境设计的风格和价值取向，以有利于商品的促销行为，创造为顾客所接受的舒适、愉悦的购物环境。

（2）具有诱人的入口，空间动线和吸引人的橱窗、招牌，以形成整体统一的视觉传递系统，并运用个性鲜明的照明和形、材、色等形式，准确诠释商品，营造良好的商场环境氛围，激发顾客的购物欲望。

（3）购物空间不能给人有拘束感，不要有干预性，要制造出购物者有充分自由挑选商品的空间气氛。在空间处理上要做到宽敞通畅，让人看得到，摸得到。

（4）设施、设备完善，符合人体工程学原理，防火区明确，安全通道及出入口通畅，消防标识规范，有为残疾人设置的无障碍设施和环境。

（5）创新意识突出，能展现整体设计中的个性化特点。

10.2.2 专卖店设计的要求

专卖店设计包含环境、CI 延展、服务规范、产品展示、空间体验等一系列沟通与推广的相关因素。专卖店的"专"要求其在空间设计上体现出所专售商品的特色，不同种类的专卖店有不同的设计要求。可以讲，专卖店的设计是一个以环境设计和产品展示为核心的综合设计系统，体现出诸多学科的交叉特征。专卖店设计应给予以下几个方面充分考虑。

1. 专卖店空间环境设计必须强调品牌体验

专卖店已经使消费的功能性需求逐渐被淡化，而心理与情感需求则逐步被强化；专卖店是企业提供消费者体验产品感觉的最佳场所；因此专卖店的设计必须凸显和强化品牌意识，强调品牌与消费者之间的感性互动沟通。体验包括感觉、感受、思维、行动、关系五个方面，并通过视觉沟通、产品外观的视觉冲击及空间环境的感染力等方式实现。优秀的专卖店设计应通过产品及环境的视觉展开设计，在设计中尽可能地创造消费者能够参与其中的体验性空间。在这种空间里交流是放松的、无障碍的。体验和互动的过程必然催化交流，这种交流又是多元的，它既包含了品牌导购人员和顾客之间的交流，同时也包含了顾客与顾客之间的交流。此时专卖店会变得更加专业，给顾客以更强的信赖感和亲和力，与目标消费群体之间的联系也自然会加强。

2. 专卖店设计必须整体化考虑，个别化设计

专卖店在提供完美产品体验的同时，必须强调对品牌的塑造。在店面与消费者建立联系的过程中，企业形象是基本的沟通工具和第一认知要素。企业形象识别系统（CI）要求每一件商品都要成为宣传企业形象的窗口，在异彩纷呈的同类企业中要做到这一点，就必须"拥有同一个面孔和同一种声音"，专卖店的环境设计依然要遵循这一原则，然而，专卖店要做到完全一样并不现实。首先，在不同的地区要找到相同或十分相似的商铺并非易事，这是空间上的限制；其次，不同地区目标消费群体的需求心理和文化背景也有一定差异。这些都要求专卖店的设计有更强的适应性，要符合民俗风情与消费文化观。所以，具体到某一个特定的专卖店设计，必须在保持同一种声音的同时充分考虑地区差别，精做市场调查研究工作，在整体化考虑的同时，进行到个别化设计。

3. 专卖店空间设计应强调展示性

在专卖店设计中，专卖店的消费者直接面对的是同一个品牌的系列产品，对品牌的可选择面较窄，这是专卖店的优势体现，避免了与终端同类产品的竞争。因此，专卖店的中心就是产品，产品的展示空间是专卖店中的核心空间。一个专卖店的成功在于它能够给产品提供一个合适的展示平台，吸引更多的消费者对产品品牌产生兴趣和关注。因此，实物展示部分是关键，如何更好地表现或突出产品的特性，是专卖店空间设计中的一个重点。在展示设计的细节考虑中，从 LOGO 的位置到产品的摆放与相互搭配、产品结构设置实用性等都不可忽视。产品展示风格独特别致，特点突出，不仅使品牌形象变得个性鲜明，还将丰富产品的外在形象，渲染品牌的感染力，影响着品牌的发展和延伸。

消费需求越来越个性化。每个消费者都希望自己出资购买的商品是唯一的、新颖的。正是这种市场需求的个性化导向，要求有价值的品牌必须提供更多、更新的产品让消费者在购买时进行选择。新产品在这种要求下被源源不断地开发出来，企业产品本身的丰富性要求现代专卖店必须适时调整产品的陈列方式与格局，专卖店的设计应像可以组合的家具一样随时变化和翻新，不断地自我更新是专卖店生命力的重要体现。对于消费者而言，如果一次有目的的消费行为没有得到满足，他有可能会认为该店短期内也不会有新商品，就很可能不会再次光顾，但如果消费者发现专卖店不断有新的东西或新的环境组合，就有可能不断地光顾那里。消费者的眼睛总是在不断寻找新的有个性的产品。对于设计师而言，提供可重新组合的展示性空间十分重要，空间划分应该适应不同产品的展示需求以及不同的产品组合展示规范，专卖店的环境空间应该呈现灵动的、不断变化的态势。

专卖店进行空间设计的最终目标是推介产品和推介产品的服务，所有展示的最终目标围绕的是产品以及产品向消费者传递的信息。"没有最好的，只有最合适的"，这句话可谓一语中的，道出了专卖店空间设计中的关键。

10.3 专卖店空间功能组织

10.3.1 专卖店的功能区

1. 专卖店库房

专卖店中用于存贮货物的房间。是专卖店为储存准备销售的商品而用的自备仓库。在库房的设计中应尽可能满足不同功能货品的储存需求，加强保护措施，确保货品安全，还要采取适当的防潮、遮阳措施。库房的设计必须满足合理安排货架的可能，提高货品的保存量和库房的空间利用率，缩短走道长度，减少管理人员的劳动强度。库房与营业厅的距离不宜过远，进货入口应靠近通路。

2. 专卖店入口

专卖店商场入口是室内外的联系与过渡空间，是顾客进出商场的交通要道，包括建筑开口位置的室内外空间及其构件和设施。专卖店入口应尽量宽大，给人开放的感觉。设计时还需从安全疏散的角度考虑，保证入口处交通顺畅。

3. 专卖店营业厅

商业专卖店中的主体空间，是进行商品销售活动的主要使用空间，顾客在其中进行购物活动。营业厅的空间设计应有利于商品的展示、陈列及促销，并根据经营性质、商品特点和顾客等因素，体现总体的装饰风格和格调。营业厅的空间设计应考虑顾客动线流畅、营业员服务方便、防火区明确、通道及出入口通畅等。同时该类空间应以突出商品特点、激发购物欲望为目的，确定陈列、照明、色彩、选材等方面的设计。

4. 顾客通道

在专卖店空间中为了便利顾客选购商品等商业活动而设置的专供顾客通行的通道。设计顾客通道需分析人流线路，从而科学地进行平面布局。顾客通道的设置应便于顾客流动和均匀出入，其平面布局形式主要有井字形、斜线形和自由形等，在普通营业厅中顾客通道的最小净宽应不小于 2.2m，在自选营业厅中应不小于 1.6m。

10.3.2 专卖店购物动线的组织

专卖店空间的组织是以顾客购买的行为规律和程序为基础展开的，即：吸引→进店→浏览→购物（或休闲）→浏览→出店。顾客购物的逻辑过程直接影响空间的整个动线（流线）构成关系，而动线的设计又直接反馈于顾客购物行为和消费关系。为了更好地规范顾客的购物行为和消费关系，从动线的进程、停留、曲直、转折、主次等设置视觉引导的功能与形象符号，以此限定空间的展示和营销关系，也是促成商场基本功能得以实现的基础。设计师通过对商场空间流线组织和视觉引导形式的推敲，可以发现更多的可能性，拓展出更多的创意思路。

空间中的流线组织和视觉引导有多种方法，如通过柜架陈列、橱窗、展示台的划分；天、地、墙等界面的形、材、色处理与配置以及绿化、照明、标志等，通过这些要素构成的多样手法来诱导顾客的视线，使其自然注视商品及展示信息，激发他们的购物欲望。

10.3.3 专卖店柜架布置基本形式

柜架布置是专卖店室内空间组织的主要手段之一，主要有以下几种形式：

（1）顺墙式——柜台，货架及设备顺墙排列。此方式售货柜台较长，有利于减少售货员，节省人力。一般采取贴墙布置和离墙布置，后者可以利用空隙设置散包商品。

（2）岛屿式——营业空间岛屿分布，中央设货架（正方形、长方形、圆形、三角形），柜台周边长，商品多，便于观赏，选购，顾客流动灵活，感觉美观。

（3）斜角式——柜台，货架及设备与营业厅柱网成斜角布置，多采用45°斜向布置。能使室内视距拉长，造成深远的视觉效果，既有变化又有明显的规律性。

（4）自由式——柜台货架随人流走向和人流密度变化，灵活布置，使厅内气氛活泼轻松。将大厅巧妙地分隔成若干个既联系方便，又相对独立的经营部，并用轻质隔断自由地分隔成不同功能、不同大小、不同形状的空间，使空间既有变化又不显杂乱。

（5）隔绝式——用柜台将顾客与营业员隔开的方式，商品需通过营业员转交给顾客。此为传统方式便于营业员对商品的管理，但不利于顾客挑选商品。

（6）开敞式——将商品展放在售货现场的柜架上，允许顾客直接挑选商品，营业员的工作场地与顾客活动场地完全交织在一起。能迎合顾客的自主选择心理，造就服务意识，是今后柜架布置的首选。

10.3.4 专卖店营业空间的组织

1. 利用货架设备或隔断水平方向划分营业空间

其特点是空间隔而不断，保持明显的空间连续感，同时，空间分隔灵活自由，方便重新组织空间。这种利用垂直交错构件有机地组织不同标高的空间，可使各空间之间既有一定分隔，又保持连续性。

2. 用顶棚和地面的变化来分隔空间

顶棚、地面在人的视觉范围内占相当比重，因此，顶棚、地面的变化（高低、形式、材料、色彩、图案的差异）能起空间分隔作用，使部分空间从整体空间中独立，主要用于对重点商品的陈列和表现，该手法能较大程度地影响室内空间效果。

10.3.5 专卖店营业空间延伸与扩大

根据人的视差规律，通过空间各界面（顶棚，地面，墙面）的巧妙处理，以及玻璃、镜面、斜线的适当运用，可使空间产生延伸、扩大感。

比如：玻璃能使空间隔而不绝，使内外空间互相延伸、借鉴，达到扩大空间的作用。

随着人们物质生活的提高，商业空间要求建筑与环境结合成一整体，有些专卖店已将室外庭院组织到室内来。

10.4 专卖店空间设计与照明

在创造独特个性的专卖店的展示空间过程中，灯光是至关重要的因素。巧妙的灯光设计可以提高商品陈列效果，强化顾客的购买欲望，提高品牌的附加值。灯光并不是单独的发挥作用，而是要与空间互相整合、渗透、补充、交叉起作用。灯光需要空间载体来体现，空间要灯光来揭示、强化和渲染，两者协同深化并升华空间意境，营造专卖店的空间形象，传达专卖店的文化内涵。

10.4.1 灯光与空间的本质关系

从视觉心理的角度来看，空间不仅仅是由实体围合的空的部分组成，生活中的建筑空间往往是由实体和光共同作用而形成的。在专卖店中，灯光与构件、装修、展架、灯具以及绿化等物体一样，是界定和表现空间的要素之一。与其他物体相比，灯光是一种更自由、更灵动的物质，它的亮度梯度可以表现空间深度、强弱，可以形成不同的空间密度。灯光这种"虚幻"和"飘渺"的特点，使它不但可以展现专卖店的空间形象，同时更能塑造出各种不同的空间性格。在专卖店中如果没有灯光的照射，就无法感知其他空间的概念和空间精神，也就无从领悟专卖店品牌文化的内涵和价值。

10.4.2 灯光对专卖店空间形象的塑造

专卖店的空间形成也是由"实体围合空间"与"虚体光空间"共同演绎而成的。灯光对于专卖店空间形象的创造可谓是多功能的，在保证足够照明的同时，灯光可以揭示空间，完善、调整空间，甚至改变和限定划分空间，夸张、调整空间的体量感，创造出超越功能的气氛，塑造出生动饱满、丰富多彩的空间形象。

1. 通过灯光的勾勒明确品牌空间形象

灯光对专卖店空间形象的明确主要体现在：一方面是指用灯光来对空间边界进行勾勒。用灯光来勾勒空间，会获得清晰明确的形态，从而使得品牌整体空间形象清楚、明了。比如专卖店四周的墙体用带发散性的光线勾勒出外形，整体空间显得立体、丰富、通透；另一方面，灯光对专卖店空间形象的明确还包括对品牌视觉特点的强调和对专卖店消费层次的定位。

2. 通过灯光的强弱限定空间区域和层次

灯光的强弱对比可以将品牌专卖店区分成为不同的空间区域或对空间区域进行清晰的分隔。灯光从极高的亮度到几乎黑暗之间有无数个等级，每一个等级分别适应不同功能、性质的空间：入口、销售区、展示区、休闲区等，此外，灯光还能在没有任何隔断的空间中仅通过自身的强弱来创造新的空间。它是光感在人的心理上产生的领域，是围绕光源而产生的"虚空间"，这种空间没有限定，没有围合，它比实体空间更灵活，从而使得专卖点的空间形象更具层次感和立体感。另外，灯光的强弱还可塑造出"复合光空间"，即明中暗、暗中明的空间，空间形象"层峦叠嶂"。

3. 通过灯光的过渡来连接空间形象

灯光对于专卖店内部空间的连接起到了重要作用，它可以弱化大面积隔断产生的突兀和生硬感，亮度均匀的光线使不同功能性质的空间都笼罩在统一和谐的基调下，空间给人的心理感受从而保持了连贯性、一致性和流畅性。专卖店里，明亮的光环境与黑暗之间也需要中介相连，一个介于两者明暗度之间的中介光空间就可使这两种空间形象进行视线上的沟通，而通过对光源产生的阴影、投影、透影、映影等的巧妙利用也能造成空间贯通的微妙感觉，对空间进行有效连接。

4. 通过灯光序列丰富空间形象

灯光可以限定连接空间，也可以由一组明暗、色彩、尺度、形状的变化形成灯光序列来丰富空间形象。尤其在某些尺度统一、材质单纯的专卖店设计中，灯光更充当着营造丰富空间形象的主角，灯光序列由序曲、展开、高潮、结尾组成。空间本身没有变化，是灯光序列的"舞蹈"，使沉寂单调的空间显得灵动、丰富。某些品牌专卖店在入口处利用柔和的光线收缩空间，控制灯光节奏，而在展示区通过明暗的强烈对比制造出视觉焦点来形成光的高潮部分；在休息区用近似无光昏暗的灯光来收尾，完成其灯光序列的创作。

5. 通过灯光的动势来升华空间形象

灯光的动势可以形成一种强有力的力量来升华空间形象，它可以渲染出品牌平面视觉宣传产品以及产品本身所无法表达的意境或品牌氛围，是一种与消费者心灵的沟通和互动。

灯光本身没有固定的形态，没有一定的方向，但通过人工设计，天花板上蜿蜒的光线或者线型的灯光投射在具有指向性的墙上，都会形成一定的动势。此外灯光的影子以及灯光照射下商品和装置的影子也可以形成动势。直线的、曲线的、清晰的、模糊的、交叉的、平行的等等，光与影的动势结合，使空间也弥散着让人"手舞足蹈"的动感因子。

专卖店的空间形象在灯光的塑造下，通过对人的生理和心理的影响而被人格化就形成了空间性格，空间性格是品牌个性形象和气质的传承和发扬：索尼（Sony）数码概念店冷静理性，路易·维登（Louiss Vuitton）华丽殿堂高贵典雅，兰蔻美容旗舰店自然清新等等。无论是高贵、朴素、清新还是活力，性感灯光正是表达这些品牌精神文化底蕴的一种语言，需要指出的是，由于品牌文化概念存在着差异化，在创造空间形象和塑造空间性格时，灯光设计本身也需要主题和理念，这个主题和理念的产生是建立在对品牌文化内涵和空间经验形象两者精确的理解基础上的，只有这样灯光才能将品牌专卖店的空间形象、空间性格与品牌文化的精髓更好地融为一体。

10.5　专卖店空间设计举例

在商品种类繁多，市场竞争日趋激烈的时代，即使是最精巧可靠的产品，在当今过度饱和的市场面前也无法确保成功，仅仅就功能本身而言，商品不再具有任何显著的差别。如今从炸薯条到计算机集成电路模块，任何具有市场灵活性的制造商，都通过自己的品牌与竞争者加以区别。发生这种变化的并不只是市场，公众购买商品的态度也是如此，如今很多的消费者愿意成为某一品牌的忠实使用者。面对众多的选择，消费者渴望购买安全可靠的产品，通过传递厂商对其产品的承诺，品牌在标志产品的安全可靠性这一点上扮演了重要的角色。

成功的专卖店空间室内设计不但提升了品牌的知名度，而且已经成为品牌策略的重要组成部分，而品牌策略同时也赋予室内设计新的文化内涵，使室内空间呈现出一种崭新的形象。

以下是对雪竹服饰企业进行的相关品牌形象终端展示设计。在这些复杂的组合体中，人们在空间场所中的亲身体验，成为最基本的要素之一（图10-1～图10-23）。

图 10-1　设计样本封面

图 10-2　设计样本（一）

图 10-3　设计样本（二）

图 10-4 设计样本（三）

图 10-5 设计样本（四）

图 10-6 设计样本（五）

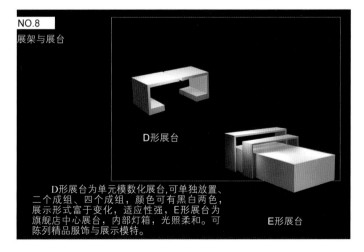

NO.6
展架与展台

B形展架

A形展架

展架造型极其简洁,提供平面展示、悬挂展示与盒装展示等多种方式。模数化设计使展架有更多的适应性与组合性。展架由木夹板、玻璃与砂钢方管制成,取材与制作简便。

图 10-7　设计样本（六）

NO.7
展架与展台

C形展架造型上是A与B形的延伸,体积小巧,适应剩余空间,倒下放置便成为平面展示展台,模数化设计使展架有更多的适应性与组合性。展架由木夹板、玻璃与砂钢方管制成,取材与制作简便。

C形展架

图 10-8　设计样本（七）

NO.8
展架与展台

D形展台

E形展台

D形展台为单元模数化展台,可单独放置、二个成组、四个成组,颜色可有黑白两色,展示形式富于变化,适应性强,E形展台为旗舰店中心展台,内部灯箱,光照柔和。可陈列精品服饰与展示模特。

图 10-9　设计样本（八）

展架与展台

G形展架　　　　F形展架

　　F、G形展架为适应墙面展示的单元模数化展架，可单独放置、间隔放置，中间穿插带状图案或镜面，展示形式富于变化，适应性强。展架提供多种展示方式：正面悬挂、侧面悬挂、折叠陈列、盒装陈列等，F形展架下部为抽屉，内部采用光带照明，灯光柔和，自然亲切。

图 10-10　设计样本（九）

NO.10

展架与展台

　　H形展架造型独特,为两个单元拼合而成,可根据空间放置单个或一组,内框为标准辅助图案贴面,优雅、清新,识别性强，玻璃背景展示面通透、简洁，为精品内衣提供了最佳的展示方式。

H形展架

图 10-11　设计样本（十）

NO.11

装饰柱、试衣间、收银台

Snowbamboo

装饰柱　　　　收银台

　　装饰柱将柱子处理成小型展示墙面，这种形式也是对空间极好的分隔，内部蓝色光带，用以展示小挂件。收银台用黑白两色与简洁造型结合，试衣间不做过多处理，镜面为门，旁边辅助图案贴面。

试衣间

图 10-12　设计样本（十一）

图 10-13　设计样本（十二）

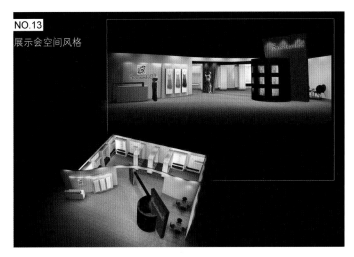

图 10-14　设计样本（十三）

图 10-15　设计样本（十四）

图 10-16　设计样本（十五）

图 10-17　设计样本（十六）

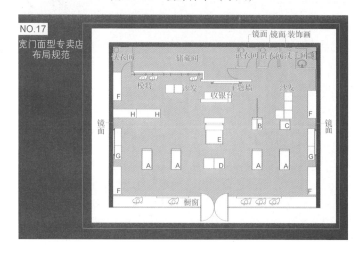

图 10-18　设计样本（十七）

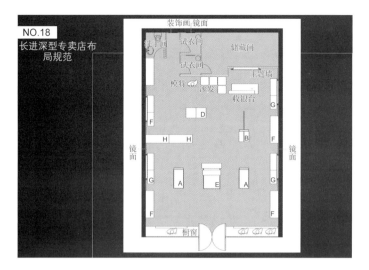

图 10-19　设计样本（十八）

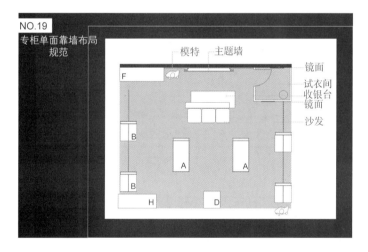

图 10-20　设计样本（十九）

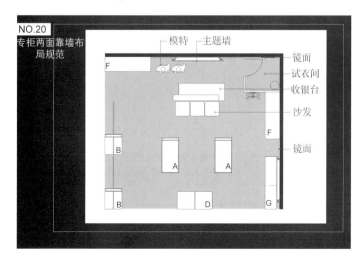

图 10-21　设计样本（二十）

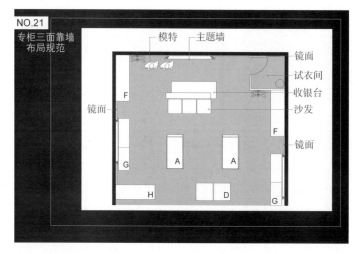

图 10-22　设计样本（二十一）

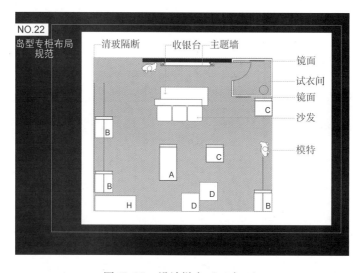

图 10-23　设计样本（二十二）

10.6　专卖店空间设计实训

10.6.1　课程实训的性质与任务

在深入分析企业品牌定位之后，要将侧重点放在专卖店空间的功能布局、家具的设计上，重点评估学生对专卖店销售空间设计中功能布局的合理度，以及视觉设计上对企业品牌文化的契合度。

10.6.2　课程实训教学目的与要求

针对目前品牌竞争异常激烈，直接影响商业营销结果的社会趋势，本课程选取实际的商业专卖店案例，在给出企业品牌定位的前提下，要求学生对该销售终端的空间布局先做出合理策划，再根据策划案对其进行具体的空间、视觉的设计。一方面强化学生的品牌意识，另一方面更侧重于把品牌文化中的一系列空间、视觉形象贯彻到实际的商业终端中去。促使消费者与品牌产生互动，营造富有品牌魅力的销售气氛，以达到推广品牌理念与刺激消费者购买的最终目的。

10.6.3 课程实训内容

入口与门面、招牌、橱窗、营业厅（接待区、展示区、精品区、折价区、演示区、更衣间）、收银台及背景墙、储藏间等。

另外可增设休息区、开水区或办公室（兼洽谈室）、洗手间（设洗面盆及便器）。

10.6.4 课程实训条件

建筑空间为全框架结构，横向柱间距 6m，竖向柱间距 6m，柱网阵列为竖向柱网 3 个柱体×横向柱网 4 个柱体，构成了建筑的柱网结构关系；柱体截面 45cm×45cm，净高 4.3m，梁底标高 3.8m。入口、采光窗位置与尺度根据功能要求自定。

1. 设计主题之一：时装专卖店方案设计

时装专卖店是专门经营某品牌时装的商店。时装是时尚的体现，具有很强的艺术感染力和消费阶层倾向，因此，在时装专卖店的设计中除了考虑展示、销售、试衣、休息、售后等各种必需功能空间的布置外，还要对一些装饰细节进行充分的考虑，以符合所销售的服装的品牌、气质等特色，从室内设计中体现服装的文化。时装专卖店的设计应强调造型形式的现代感及品牌的风格特色，应具有很强的艺术烘托力。因此，时装专卖店的室内设计应关注三个方面的问题：第一，展柜与货架的形式是风格形成的关键因素。第二，在一般照明的基础上加强装饰照明。第三，利用最佳的时装陈列背景，形成很强的整体形象感，使人沉浸于时装艺术的气氛中。根据课程实训条件，经营服装种类自定，请根据商品及顾客对象特点完成室内装饰方案设计。

2. 设计主题之二：家用电器专卖店方案设计

家用电器专卖店是专门经营各种家电产品的商店。根据其销售内容的特点，家用电器专卖店内部空间的功能组织非常重要。应充分处理好销售空间、储藏空间、售后服务空间以及辅助空间的空间大小与相互关系，安排好顾客流线与货物流线之间的关系。应考虑橱窗、商品架、陈列台、展示台、商品柜、包装台、卫生间、仓库、辅助空间等各功能空间与设施的布置。不同的家用电器在陈列上也有不同的方式，一般的展示方式有地面陈设、高台陈设、壁面陈设、吊挂陈设、展柜陈设等。为了追求商品的最佳展示效果，可设置电视墙以及等离子无缝拼接显示屏来展示商品；对于精致轻巧的家电产品可用造型优美的玻璃柜进行陈列，使人更易感受到商品的精致与轻巧。此外，应根据家电的负荷考虑配电系统，多以满足展示并要合理运用防火隔声的装饰材料确保安全。根据课程实训条件，经营家用电器种类自定，请根据商品及顾客对象特点完成室内装饰方案设计。

3. 设计主题之三：金银首饰专卖店方案设计

金银首饰专卖店是专门经营金银等名贵首饰的高品位专业商店，其室内设计重在金银首饰商品的陈设与展示，设计时要将风格与商品统一起来。室内环境设计宜凝重、典雅。室内照明的照度要充足，在满足基本照度的基础上，以局部照明方式烘托商品。照明设计应考虑照明器具的比例尺度与陈列商品相协调，可采用形式新颖的筒灯、轨道射灯以及柜台装饰灯等。通常此类展品的陈列除了具备陈设与展示功能外，收纳及安全性也至关重要。同时还需考虑陈列柜的展示形式与尺度，方便顾客的选购。金银首饰专卖店的室内规划与平面布局应满足其功能要求，考虑接待空间，销售空间，安全性储藏空间，加工、维修与鉴定空间以及相关的辅助空间等的组织布置。

10.6.5　课程设计的要求

（1）掌握专卖店室内设计的基本原理，在满足功能问题的基础上力求方案有特色。风格不限，造价不限。

（2）要求反映专卖店形象，突出专卖店经营特色。

（3）针对专卖店需要，充分考虑各功能分区，组织合理的流线。

（4）充分利用已有自然条件，结合人为效果，创造合理、舒适的专卖店环境。

（5）设计要求需满足公共建筑室内设计的各种规范要求。

10.6.6　课程设计的成果

1. 图样规格

（1）图样规格：根据情况采用 A2（594mm×420mm）或 A3（420mm×297mm）图幅。

（2）每张图样须有统一格式的图名和图号。

（3）每张图样均要求有详细的尺寸、材料、标注。

2. 图样内容

（1）总平面布置图：1:100 或 1:50。

要求：注明各房间、各工作区和功能区名称；有高差变化时须注明标高；应布置家具、陈设及设备。

（2）地面平面图：1:100 或 1:50。

要求：注明室内地面铺设材料，图案的规格尺寸及构造做法等，地面各部分的标高。

（3）顶棚平面图：1:100 或 1:50。

要求：注明各顶棚标高、尺寸及材料和构造做法；布置灯具及设备类型，必要时绘制出节点剖面图。

（4）主要立面图：1:50 或 1:30。

要求：不少于 8 张；要体现装饰特色、风格；注明尺寸及材料。

（5）入口立面图：1:50 或 1:30

要求：一张；表现专卖店形象；应注明材料及尺寸。

（6）入口门厅色彩渲染图：要求一张；可单独绘制也可与其他图样结合绘制；表现企业形象。

（7）专卖店内局部装饰透视图：要求不少于两张；要表现装饰特色；与整体风格要相协调。

（8）设计说明：要求不少于 500 字；说明设计构思；分析材料的选择。

（9）一定要有功能分析图（功能泡泡图）和交通流线分析图。

（10）图样封面设计、图样目录。

3. 展版版面布局要求

（1）内容编排在 1200mm×900mm 的展板版心幅面范围内（统一采用竖式构图）。

（2）布局合理，美观。图文结合巧妙，视觉冲击力强。

（3）标题、班级、作者、指导老师等标注明确。

（4）同时提供电子版文件（CD-ROM 格式），各种所需图一律提供 JPG 文件格式，精度至少为 150dpi。

10.6.7　课程设计的进度

具体根据教学进度安排。大体上可以分为六个阶段。

1. 专卖店室内设计调研阶段（查找资料、搜集信息、写出调研报告）

在理论课讲授后，学生有了一定的理性认识，但在着手设计之前，还必须让学生走出课堂，通过对专卖店建筑装饰设计的实地调研增加感性认识，为设计的可行性做必要的准备，并写出调研报告。

（1）必需要有平面图、主要立面图。

（2）必需分析功能、装饰造型、材料、施工工艺。

（3）关注灯光、装饰照明、空调和出风口、烟感和喷淋。

（4）用所学的理论做出评价。

2. 第一次草图阶段（3 个以上草案及文字论述）

这一阶级之初，先进行专卖店室内设计原理讲课，随后着手设计。本阶段设计的主要工作有两项，即：正确理解专卖店室内设计要求，分析任务书给予的条件；进行方案构思，做出初步设计方案。

（1）了解专卖店各空间所需人员的配备，确定各工作空间面积。

（2）分析已有的自然条件，确定出入口的位置。

（3）对营业厅进行功能分区。

（4）针对专卖店工作流程，合理安排各功能区流线，合理组织人流。

（5）按已划分的功能区安排合适的家具。

（6）考虑室内艺术功能需要，合理安排装饰陈设、绿化及休息区。

该阶段应集中精力先作整体方案性分析，安排功能分区，可做两、三个小比例方案，比较分析后选出优良者再做家具布置设计。在家具布置设计时要充分考虑人体尺寸要求、心理要求等。草图应画出总平面图及初步立面，比例尺可比正式图小。

3. 第二次草图阶段（方案确定、深化）

这一阶段的主要工作是修改并确定方案，进行细部设计。修改一般在原方案的基础上进行，不作重大改变。

方案确定后，将比例放大进行细部设计，使方案日趋完善。要求如下：

（1）进行总平面图细节设计，考虑设计风格及规范要求。

（2）根据总平面图进行顶棚设计，要求与总平面图相协调。

（3）研究建筑造型，推敲立面细部，要求满足功能需要，体现设计风格，并与顶棚和平面相协调。

（4）考虑室内艺术功能需要，合理安排装饰陈设、绿化及休息区。

4. 第三次正草阶段（弥补二草的缺漏，将方案进一步完善）

这一阶段的主要工作是弥补第二次草图阶段的缺漏，将方案进一步完善。调整平面、顶棚和立面三者的关系，在色彩、风格及材质的表现上要相协调。正草的图样要求：比例大小与正图相同，通过电脑绘图，使图面布置更趋均衡、完美。

5. 正图阶段（调整、修改，绘制效果图、版面制作）

这一阶段的主要工作是对第三次正草阶段作稍许修改后出正式图样，完成所有设计成果，图样要力求完美。

6. 交图验收阶段

这一阶段的主要工作是对正式图样检查，完成所有设计成果图样，打印、出图。

7. 参考资料

(1)《室内设计资料集》张绮曼 郑曙旸 主编　　　中国建筑工业出版社
(2)《室内设计原理》（上下册）来增祥 陆震纬 编著　中国建筑工业出版社
(3)《商业形象与商业环境设计》陈维信 编著　　　江苏科技出版社
(4)《现代商业空间艺术设计》洪麦恩 编著　　　　中国建筑工业出版社
(5)《室内外设计资料集》薛健 主编　　　　　　　中国建筑工业出版社
(6)《世界建筑师的思想和作品》（日）渊上正辛　中国建筑工业出版社
(7)《国外室内空间设计丛书》　　　　　　　　　同济大学出版社
(8)《商店设计》（德）　　　　　　　　　　　中国轻工业出版社
(9) 中国建筑与室内设计师网　　www. China-designer. com
(10) 中国装饰网　　　　　　　　www. zswcn. com
(11) 中国室内装饰网　　　　　　www. cool- d. com

本 章 小 结

专卖店空间的设计与展示的成功与否，不仅影响到品牌的现实利益，而且也关系到品牌的发展与延伸。另一方面，在设计与装饰上，不仅体现品牌的经营特色，还不同程度地表达了品牌的风格、理念和人文概念。如何做好专卖店空间的设计与展示并收到好的效果，除了要结合自身品牌的特点和风格，还要不断地从周围成功品牌的实例中吸收新的、外来内容，来完善和发展设计与展示的内涵。这样不仅能从市场中源源不断地收到实效，还能有力推动整个品牌外在形象、文化、品质上的提升。

思考题与习题

1. 简述专卖店空间设计对其品牌的影响。
2. 专卖店空间设计的要求体现在哪些方面？
3. 怎样理解专卖店购物动线的组织？
4. 如何看待照明与专卖店空间设计的关系？
5. 结合课程设计，概述专卖店空间设计的涵义。

优秀学生作品赏析——时装专卖店方案设计

◆ 设计命题

本次方案设计的命题为"品牌服饰店的商业空间及展示设计"。目前市场上品牌服饰店的经营模式发展很快，它们的商品指向性很强，其商业空间设计突出了品牌的个性，在商品的展示中强调了品牌的特点及品牌意识。

◆ 设计条件

（1）本次设计的是一栋高层建筑中的一层沿街商铺，作为商业空间设计。

（2）楼层净高为5m，梁底标高4.2m，卖场面积399m²，框架结构，楼梯间及附属用房不作为本次方案的设计内容。

（3）设计内容应包括店内空间设计及收银台、展柜、展架设计。

◆ 设计要求

（1）以品牌服饰店（服饰的定位为时尚、休闲）为设计引导，可参照市场类似品牌为设计目标。

（2）充分利用主题原素，突出品牌设计理念。

（3）正面入口要求设计玻璃门。

◆ 设计表达

1. 方案设计投影图示（出图比例1:100、1:50或1:30）

（1）平面图（含地面铺装、设施、展示布置）。

（2）顶平面图（含装修、照明、风口）。

（3）室内立面图（展卖空间各墙立面、照明、展示）。

2. 方案设计效果表达

选择室内展卖空间中两个以上的角度绘制相应的效果图示。

3. 提交作品的电子文档

制作汇报系列展板，要求：

设计者自行将以上要求内容编排在820mm×590mm的展板版心幅面范围内（统一采用竖式构图），须符合规定出图比例（否则视为无效作品）。

附原始结构图（图10-24）。

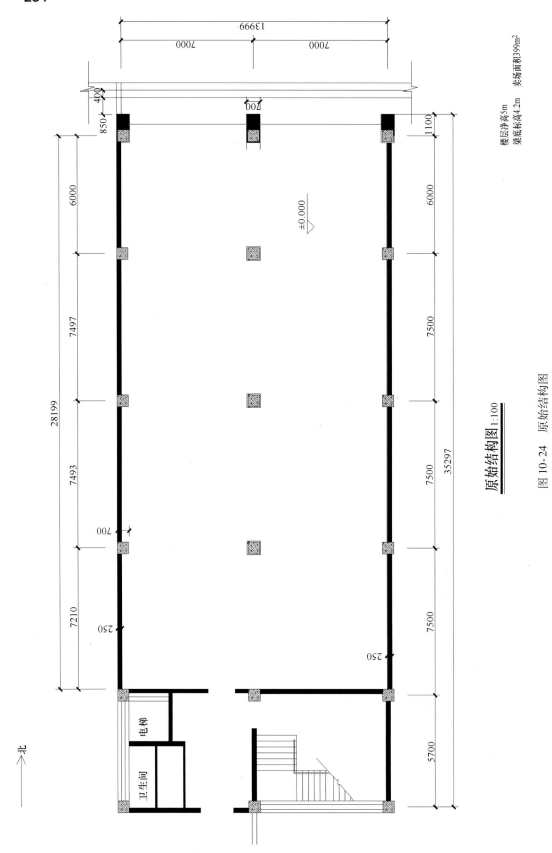

楼层净高5m　　卖场面积399m²
梁底标高4.2m

原始结构图 1:100

图 10-24　原始结构图

北

一、纤褂服饰专卖店方案设计

本设计题目"纤褂"取"牵挂"的谐音，体现了人间爱的温暖，同时"纤褂"的"纤"又令人浮想联翩，飘逸、苗条等赞美之词不言而喻，直指女人的爱美之心，引人入胜；"纤褂"的"褂"点明专卖店的经营范围"服装"，一语双关；同时店面内的展示架、展示柜基本用不锈钢下挂式，没有支脚落在地面上，又体现"挂"的飘逸（图 10-25 ~ 图 10-27）。

图 10-25　纤褂专卖店设计（学生：应笑笑　指导老师：王明道）

236

纤裓

以墙体金属感（钢管）、几何图形的造型设计、货架的新颖设计，突出和明朗化loft风格。大型透光灯片的应用，是本次设计的亮点和重点，结合现代时尚元素，整体色彩搭配，以黑白灰为三大基色，规整的规划和变化多端的矩形整体组成简洁、明朗的空间。把原始loft基调与现代感元素完美结合。

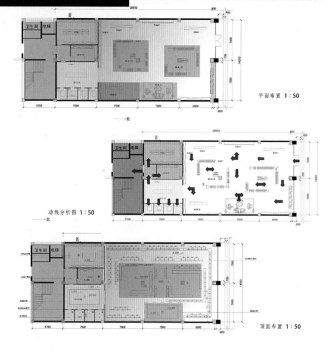

图10-26　纤裓专卖店设计（学生：应笑笑　指导老师：王明道）

纤褂

专卖店方案设计

图 10-27　纤褂专卖店设计（学生：应笑笑　指导老师：王明道）

二、素颜服装店方案设计

本设计以"素颜"命名，体现了服装专卖店的商业特点，以素为美，通过"蛋"的变化分析，衍生出展厅相关构件的外形与内涵（图10-28～图10-31）。

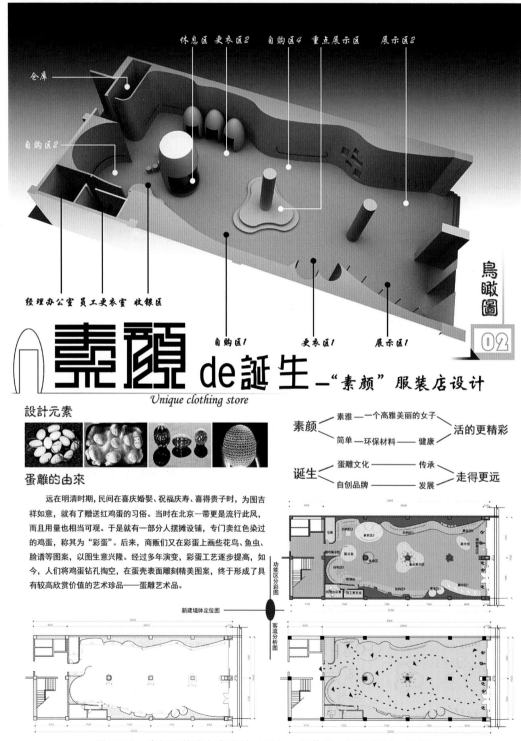

图 10-28　素颜服装店方案设计（学生：何芊颖　指导老师：袁华）

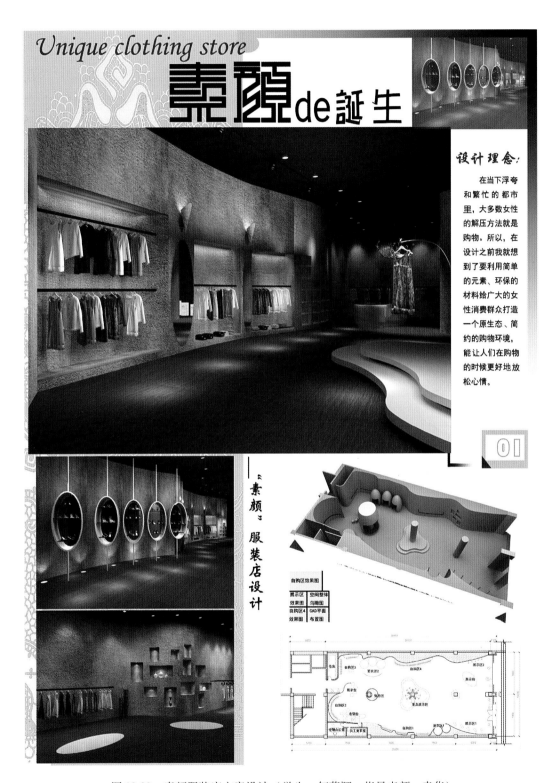

图 10-29　素颜服装店方案设计（学生：何芊颖　指导老师：袁华）

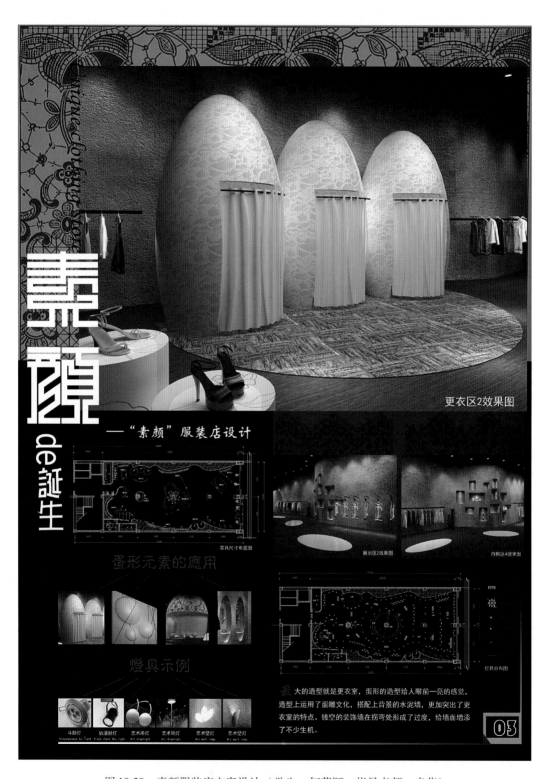

图 10-30　素颜服装店方案设计（学生：何芊颖　指导老师：袁华）

休息区效果图

更衣区1效果图   收银区效果图

休 息区的造型延用了蛋形的元素，把柱子包裹在里面，既实用又美观，屋顶上运用的蛋雕技术，丰富了休息区空间。

更 衣室1上方的花瓣形壁灯是厂家订制，材料为白色亚克力，此款灯有自动识别功能，只有更衣室内有人时才会亮，既方便顾客又节约能源。

收 银台的弧形造型给人柔美温和的感觉，上面的亚克力吊灯和收银台旁边的圆形沙发椅造型相互呼应，突出了蛋形的元素。

图 10-31 素颜服装店方案设计（学生：何芊颖 指导老师：袁华）

参 考 文 献

[1] 陆震纬，来增祥. 室内设计原理 [M]. 北京：中国建筑工业出版社，1998.

[2] 王东辉，李健华，邓琛. 室内环境设计 [M]. 北京：中国轻工业出版社，2007.

[3] 霍维国，霍光. 室内设计教程 [M]. 北京：机械工业出版社，2007.

[4] 汤重熹. 室内设计 [M]. 北京：高等教育出版社，2006.

[5] 刘峰，朱宁嘉. 人体工程学 [M]. 沈阳：辽宁美术出版社，2006.

[6] 张绮曼，郑曙旸. 室内设计资料集 [M]. 北京：中国建筑工业出版社，1991.

[7] 郑曙旸，田青. 家用室内设计大全 [M]. 北京：纺织工业出版社，1990.

[8] 郭茂来. 室内设计艺术赏析 [M]. 北京：人民美术出版社，2002.

[9] 吴剑锋，林海. 室内与环境设计实训 [M]. 北京：东方出版中心，2008.

[10] 扬·盖尔. 交往与空间 [M]. 何人可，译. 北京：中国建筑工业出版社，2002.

[11] Donald A Norman. 情感化设计 [M]. 付秋芳，程进三，译. 北京：电子工业出版社，2005.

[12] 李玲，陈虹. 光·空间与文化 [J]. 上海工艺美术，2006 (3).

[13] 李春，杜文岚. 浅谈专卖店空间设计与商业因素的结合 [J]. 商场现代化，2007 (8).

[14] 中岛龙兴. 照明灯光设计 [M]. 北京：北京理工大学出版社，2003.

[15] 高祥生. 室内建筑师辞典 [M]. 北京：人民交通出版社，2008.

教材使用调查问卷

尊敬的老师:

    您好!欢迎您使用机械工业出版社出版的教材,为了进一步提高我社教材的出版质量,更好地为我国教育发展服务,欢迎您对我社的教材多提宝贵的意见和建议。敬请您留下您的联系方式,我们将向您提供周到的服务,向您赠阅我们最新出版的教学用书、电子教案及相关图书资料。

    本调查问卷复印有效,请您通过以下方式返回:

邮寄:北京市西城区百万庄大街 22 号机械工业出版社建筑分社(100037)

    张荣荣(收)

    传真:010-68994437   (张荣荣收)   Email:21214777@qq.com

一、基本信息

姓名:＿＿＿＿＿＿＿＿＿职称:＿＿＿＿＿＿＿＿＿＿＿职务:＿＿＿＿＿＿＿＿＿＿

所在单位:＿＿＿＿＿＿＿＿＿＿＿＿＿＿＿＿＿＿＿＿＿＿＿＿＿＿＿＿＿＿＿＿＿＿

任教课程:＿＿＿＿＿＿＿＿＿＿＿＿＿＿＿＿＿＿＿＿＿＿＿＿＿＿＿＿＿＿＿＿＿＿

邮编:＿＿＿＿＿＿＿＿＿地址:＿＿＿＿＿＿＿＿＿＿＿＿＿＿＿＿＿＿＿＿＿＿＿＿

电话:＿＿＿＿＿＿＿＿＿＿电子邮件:＿＿＿＿＿＿＿＿＿＿＿＿＿＿＿＿＿＿＿＿

二、关于教材

1. 贵校开设土建类哪些专业?

□建筑工程技术   □建筑装饰工程技术   □工程监理   □工程造价

□房地产经营与估价   □物业管理   □市政工程   □园林景观

2. 您使用的教学手段: □传统板书   □多媒体教学   □网络教学

3. 您认为还应开发哪些教材或教辅用书?＿＿＿＿＿＿＿＿＿＿＿＿＿＿＿＿＿＿＿＿

4. 您是否愿意参与教材编写?希望参与哪些教材的编写?

    课程名称:＿＿＿＿＿＿＿＿＿＿＿＿＿＿＿＿＿＿＿＿＿＿＿＿＿＿＿＿＿＿＿＿

    形式: □纸质教材   □实训教材(习题集)   □多媒体课件

5. 您选用教材比较看重以下哪些内容?

□作者背景   □教材内容及形式   □有案例教学   □配有多媒体课件

□其他＿＿＿＿＿＿＿＿＿＿＿＿＿＿＿＿＿＿＿＿＿＿＿＿＿＿＿＿＿＿＿＿＿＿＿＿

三、您对本书的意见和建议 (欢迎您指出本书的疏误之处)＿＿＿＿＿＿＿＿＿＿＿＿

＿＿

＿＿

＿＿

四、您对我们的其他意见和建议＿＿＿＿＿＿＿＿＿＿＿＿＿＿＿＿＿＿＿＿＿＿＿＿

＿＿

＿＿

请与我们联系:

100037   北京百万庄大街 22 号

机械工业出版社·建筑分社   张荣荣   收

Tel:010—88379777 (O),6899 4437 (Fax)

E-mail:21214777@qq.com

http://www.cmpedu.com (机械工业出版社·教材服务网)

http://www.cmpbook.com (机械工业出版社·门户网)

http://www.golden-book.com (中国科技金书网·机械工业出版社旗下网站)